I0001795

TRAITÉ

DE GÉOMÉTRIE

DESCRIPTIVE.

Les exemplaires qui ne portent point la signature de l'Auteur seront réputés contrefaits.

L. Lefebure de Fourcy

IMPRIMERIE DE F. LOCQUIN,
Rue N.-D. des Victoires, 16.

TRAITÉ
DE GÉOMÉTRIE
DESCRIPTIVE,

PRÉCÉDÉ

D'UNE INTRODUCTION QUI RENFERME LA THÉORIE DU PLAN
ET DE LA LIGNE DROITE CONSIDÉRÉS DANS L'ESPACE;

PAR

LEFEBURE DE FOURCY,

CHEVALIER DE LA LÉGION-D'HONNEUR, AGRÉGÉ A LA FACULTÉ DES SCIENCES
DE L'ACADÉMIE DE PARIS, EXAMINATEUR POUR L'ADMISSION AUX ÉCOLES
ROYALES POLYTECHNIQUE ET FORESTIÈRE.

QUATRIÈME ÉDITION.

TOME PREMIER.

PARIS.
BACHELIER, LIBRAIRE DE L'ÉCOLE POLYTECHNIQUE,
QUAI DES AUGUSTINS, N° 55.

1842.

AVERTISSEMENT.

—

La Géométrie descriptive a des usages si variés et si étendus qu'on ne saurait trop en recommander l'étude. Si l'on voulait se borner aux généralités, on pourrait les renfermer dans un petit nombre de pages; mais alors elles ne paraîtraient que comme une suite de propositions plausibles, et elles laisseraient si loin des applications qu'il faudrait une rare sagacité pour en tirer des conséquences utiles dans la pratique. Il est donc tout à fait nécessaire de présenter les solutions d'un certain nombre de questions choisies, dans lesquelles la fécondité des principes généraux ressorte d'une manière frappante.

J'ajouterai ici que, pour arriver plus sûrement à une connaissance approfondie des ressources de cette branche importante de la Géométrie, le lecteur devra exécuter soigneusement, avec de bons instruments et sur une échelle assez grande, les constructions de la plupart des problèmes. Sans parler des progrès que l'œil et la main feront dans l'art du dessin, je ferai observer que, par cet exercice, l'attention se trouvant plus longtemps arrêtée sur l'application des principes, leur utilité devient plus évidente, l'esprit les conçoit plus nettement, et la mémoire les retient sans effort.

Ce Traité est divisé en quatre parties :

La première contient les notions préliminaires et les problèmes dépendant de la ligne droite et du plan. Elle forme à elle seule un ensemble qui peut suffire dans un grand nombre d'applications importantes.

La seconde partie a pour objet les surfaces courbes et les plans tangents. Je n'en ai point exclu les surfaces

1

gauches; mais comme les questions relatives à ces surfaces ne laissent pas que d'être assez épineuses, rien n'empêche que dans une première lecture on ne les laisse de côté, sauf à y revenir plus tard, si on le juge convenable.

La troisième partie comprend les lignes courbes et les tangentes. J'y expose, pour les intersections de surfaces, les exemples qu'on traite ordinairement, et qui offrent tous des simplifications remarquables; mais, afin de mieux rappeler que ces simplifications sont propres aux cas pour lesquels elles sont employées, j'ai cru devoir en présenter un où les constructions deviennent plus compliquées, et j'ai choisi celui de deux surfaces de révolution dont les axes sont dans des plans différents.

Enfin, une quatrième et dernière partie succède aux précédentes sous le titre d'*Exercices*. Elle se compose de problèmes dont la solution est implicitement renfermée dans les premières parties, et on peut à volonté l'étendre ou la resserrer, ou même la négliger tout à fait.

Je renvoie fréquemment aux propriétés des plans, telles qu'elles sont établies dans la Géométrie élémentaire; mais, pour éviter au lecteur la peine de les chercher ailleurs, je les ai placées dans une introduction.

N. B. Ce volume ne renferme que deux planches : l'une pour l'Introduction, et l'autre pour l'explication des principes de la Géométrie descriptive. On a réuni dans un volume séparé celles qui contiennent les figures ou *épures* relatives aux problèmes des quatre parties qui composent ce Traité. Dans ces planches, le titre fait connaître à quelle partie la planche appartient, et d'ailleurs les chiffres joints à chaque figure indiquent clairement le problème auquel la figure se rapporte. Ainsi, dans la planche II de la PREMIÈRE PARTIE, la figure X répond au PROBLÈME X; et la figure XIII-3 est la troisième du PROBLÈME XIII.

TABLE DES MATIÈRES.

INTRODUCTION.

GÉOMÉTRIE DESCRIPTIVE.

INTRODUCTION.

THÉORIE DU PLAN ET DE LA LIGNE DROITE

CONSIDÉRÉS DANS L'ESPACE.

—

Définitions.

1. On appelle *plan* une surface sur laquelle une ligne droite s'applique exactement dès qu'elle y a deux points.

Quand une droite n'a qu'un point commun avec le plan, on accorde comme évident qu'elle est située en partie d'un côté de ce plan et en partie de l'autre côté.

Pour représenter les plans dans les figures, on est obligé de leur donner des limites, mais il faut toujours les considérer comme indéfinis.

2. Une droite est dite *perpendiculaire à un plan* quand elle est perpendiculaire à toutes les droites qui passent par son pied dans ce plan.

Quand une droite est perpendiculaire à un plan, on dit, réciproquement, que *le plan est perpendiculaire à la droite.*

On appelle *obliques* les droites qui rencontrent un plan, et qui ne lui sont point perpendiculaires.

3. Lorsqu'une droite et un plan ne peuvent pas se rencontrer, quelque prolongés qu'on les suppose, on dit que *la droite est parallèle au plan*, ou que *le plan est parallèle à la droite.*

4. Pareillement, deux plans sont dits *parallèles*, quand ils ne se rencontrent pas, à quelque distance qu'on les prolonge.

5. Un plan est *perpendiculaire à un plan* lorsqu'il contient toutes les perpendiculaires à ce plan, élevées aux différents points de l'intersection commune.

On fera voir (55) que, réciproquement, le second plan est perpendiculaire au premier.

6. On nomme *angle de deux plans*, ou simplement *angle dièdre*, l'espace compris entre deux plans qui se coupent, et qui se terminent à leur intersection.

À la vérité, l'espace indéfini se trouve alors divisé en deux parties que cette définition désigne également; mais c'est toujours à la plus petite qu'on donne le nom d'angle dièdre.

Supposons qu'il soit question de l'angle dièdre compris entre les plans ABM, ABN (fig. 1). L'intersection AB est l'*arête* de l'angle dièdre, et les plans ABM, ABN en sont les *faces*. On désigne cet angle dièdre par MABN, en ayant soin de placer au milieu les deux lettres qui sont sur l'arête.

7. On appelle *angle solide*, ou *angle polyèdre*, l'espace compris entre plusieurs plans qui se réunissent en un même point.

Ainsi (*fig. 2*), les plans ASB, ASC, BSC forment l'angle solide S. Les angles plans ASB, ASC, BSC sont les *faces* de cet angle solide; les intersections SA, SB, SC en sont les *arêtes*; le point S en est le *sommet*.

L'angle solide est *trièdre*, *tétraèdre*, *pentaèdre*,...... selon qu'il a trois faces, ou quatre, ou cinq, etc.

Propositions qui dérivent immédiatement de la notion du plan.

8. Théorème I. *Une droite ne peut être en partie dans un plan et en partie au dehors.*

Car, d'après la définition (1), dès qu'une droite a deux points dans un plan, elle y est tout entière.

9. Théorème II (fig. 3). *Trois points A, B, C, non en ligne droite, déterminent un plan.*

Prenez un plan à volonté, tracez-y une droite, puis changez la position de ce plan de telle sorte que cette droite vienne passer par les points A et B. Il est évident qu'on peut encore faire tourner ce plan autour de la droite AB de manière qu'il vienne passer au point C, mais que si on continue de le faire tourner il quittera le point C.

Donc on peut faire passer un plan par les trois points A, B, C, et on n'en peut faire passer qu'un.

Corollaire I (fig. 4). Deux droites qui se coupent sont dans un plan, et elles en déterminent la position. Soit E le point de rencontre des deux droites, et soient A et D deux points pris respectivement sur chacune d'elles. Pour qu'un plan contienne les deux droites, il doit passer aux points A, E, D : or, on vient de voir qu'il y a un plan qui remplit cette condition, et qu'il n'y en a qu'un.

Corollaire II. Deux droites parallèles déterminent la position d'un plan. On sait déjà que deux droites parallèles sont toujours dans un même plan. Mais s'il y avait deux plans passant par ces droites, il est clair qu'en prenant un point sur l'une d'elles, et deux sur l'autre, on aurait trois points, non en ligne droite, par lesquels on pourrait mener deux plans.

10. Théorème III (fig. 5). *Deux plans se coupent suivant une ligne droite.*

Soit un point A commun à deux plans MN, PQ. Dans le plan PQ, par le point A, menez deux droites BC, DE. Au dessus du plan MN, prenez le point B sur la première droite; au dessous, prenez le point E sur la seconde; enfin tirez la droite BE. La ligne BE est tout entière dans le plan PQ, puisqu'elle y a deux points; et elle doit rencontrer le plan MN, puisqu'elle est en partie au dessus de ce plan et en partie au dessous. Soit I le point d'intersection, la droite menée par les points A et I sera commune aux deux plans; car elle aura deux points, A et I, dans chacun d'eux. Hors de cette ligne, les plans n'ont pas de point commun; autrement, on pourrait mener deux plans différents par trois points non en ligne droite. Donc l'intersection de deux plans est une ligne droite.

Il est d'ailleurs évident que chaque plan est divisé en deux parties, placées de côtés différents par rapport à l'autre.

Sur la droite perpendiculaire au plan.

11. Théorème IV (fig. 6). *Si une droite AB est perpendiculaire à deux droites BC et BD, qui passent par son pied dans un plan MN, elle sera perpendiculaire au plan MN.*

Pour démontrer cette proposition, il faut prouver que la droite AB est perpendiculaire à toute autre droite BE, menée par son pied dans ce plan (2). A cet effet, prolongez AB, de l'autre côté du plan, d'une quantité BH = AB; menez la droite CD, qui coupe les lignes BC, BD, BE en C, D, E; enfin tirez CA, DA, EA, CH, DH, EH. L'angle ABC étant droit par hypothèse, il s'ensuit que BC est perpendiculaire au milieu de AH; donc AC = HC. Par une raison semblable on a AD = HD. Les triangles ACD, HCD sont donc équilatéraux entre eux, et par suite l'angle ACE = HCE. Il résulte de là que les triangles ACE, HCE sont égaux comme ayant un angle égal compris entre deux côtés égaux, chacun à chacun; donc AE = HE. Les triangles ABE, HBE sont donc équilatéraux entre eux, et par conséquent les angles ABE, HBE sont égaux. Or ces angles sont adjacents; donc ils sont droits; donc AB est perpendiculaire à BE. C'est ce qu'il fallait démontrer.

12. THÉORÈME V. *Par un point donné on peut toujours mener une droite perpendiculaire à un plan, mais on n'en peut mener qu'une.*

Il y a deux cas à considérer, selon que le point donné est dans le plan ou hors du plan.

Premier cas (fig. 7) Soit A le point donné sur le plan MN. Tracez dans ce plan la droite BC à volonté, de manière cependant qu'elle ne passe pas au point A. Menez AB perpendiculaire à BC; suivant BC concevez un plan quelconque, et menez dans ce plan une perpendiculaire BH à BC; enfin, par AB et BH imaginez encore un plan, et dans ce plan élevez AH perpendiculaire à AB. Je dis que AH est perpendiculaire au plan MN.

Du point A à la ligne BC, menez une droite quelconque AC. Soit H l'intersection de AH avec BH; prolongez HA d'une quantité AI = AH; tirez CH, CI, BI. Par construction, la ligne BC est perpendiculaire à BA et à BH; donc elle l'est au plan HBI; donc l'angle CBI est droit. Par construction aussi, la ligne AB est perpendiculaire au milieu de HI; donc BH = BI. Il suit de là que les triangles BCH et BCI sont égaux : donc CH = CI; donc AC est perpendiculaire sur HI. Ainsi, la droite AH est perpendiculaire aux deux droites AC et AB; donc elle l'est au plan MN.

Cette perpendiculaire est la seule qu'on puisse élever au plan MN par le point A. S'il y en avait une autre, AR, on pourrait, par AH et AR, conduire un plan qui couperait le plan MN suivant une droite AS. Or, les lignes AH et AR, étant perpendiculaires au plan MN, devraient l'être à AS (2) donc, dans le même plan HAS, par un même point, on pourrait mener deux perpendiculaires à une même droite, ce qui est impossible.

Second cas (fig. 7). Soit H un point donné hors du plan MN. Dans ce plan, menez une droite quelconque BC; abaissez HB perpendiculaire à BC; dans le plan MN menez BA perpendiculaire à BC; enfin abaissez HA perpendiculaire à BA : cette ligne HA sera perpendiculaire au plan MN. La démonstration étant exactement la même que dans le premier cas, n'a pas besoin d'être répétée.

De plus, la perpendiculaire HA est la seule qu'on puisse abaisser du point H sur le plan MN : car, s'il y en avait une autre, HS, le triangle HAS aurait deux angles droits HAS et HSA.

13. Théorème VI (fig. 8). *La perpendiculaire AB, abaissée d'un point A sur un plan MN, est la ligne la plus courte entre le point et le plan.*

Car, si on mène toute autre droite AC, et qu'on joigne BC, le triangle ABC sera rectangle en B, et par conséquent on aura AB $<$ AC.

Scolie. C'est la perpendiculaire AB qui mesure la distance du point A au plan MN.

14. Théorème VII. *Par un point donné on peut mener un plan perpendiculaire à une droite; mais on n'en peut mener qu'un seul.*

Premier cas (fig. 9). Si le point donné O est sur la droite AB, menez deux plans par cette droite, et dans ces plans élevez les perpendiculaires OC, OD, à AB; le plan MN, conduit suivant OC et OD, sera perpendiculaire à la droite AB. En effet, AB est perpendiculaire à deux droites qui passent à son pied dans le plan MN; donc elle est perpendiculaire à ce plan; donc, réciproquement, le plan MN est perpendiculaire à AB.

Aucun autre plan MR passant par le point O n'est perpendiculaire sur AB : car si le plan MR était perpendiculaire à AB, on pourrait mener par AB un plan qui couperait les deux plans MN et MR suivant deux droites, telles que OE, OF ; et la droite AB, étant perpendiculaire aux deux plans, devrait l'être à ces deux lignes. Donc, dans le plan ABE, les droites OE et OF, partant du même point O, seraient perpendiculaires à AB, ce qui est impossible.

Second cas (fig. 10). Supposons le point donné O hors de la droite AB. Abaissez d'abord OC perpendiculaire à AB, et ensuite menez une autre perpendiculaire CD à AB : le plan MN, conduit suivant OC et CD, sera perpendiculaire à AB. Même raisonnement que ci-dessus.

Aucun autre plan OR, passant au point O, n'est perpendiculaire à AB. En effet, un plan conduit par le point O et par la droite AB couperait les plans MN et OR suivant deux droites, OC et OE, partant du point O et perpendiculaires à AB, ce qui est impossible.

15. Théorème VIII (fig. 11). *Toutes les perpendiculaires BC, BD, BE,..... élevées au même point B d'une droite AB, sont comprises dans un plan* MN, *perpendiculaire à cette droite au point* B.

Si BC, par exemple, n'est pas dans le plan MN, menez par AB et BC un plan qui coupe le plan MN suivant une droite BC'. Puisque la droite AB est perpendiculaire au plan MN, elle doit l'être à BC'; donc, au point B, dans le même plan ABC, il y aurait deux perpendiculaires BC, BC', à la droite AB, ce qui est impossible. Donc BC est dans le plan MN. La même conclusion doit s'appliquer aux autres droites BD, BE, etc.

16. Théorème IX (fig. 12). *Lorsqu'un plan* MN *est perpendiculaire au milieu* C *d'une droite* AB, *chaque point de ce plan est également éloigné des deux extrémités de la droite, et tout point pris hors du plan en est inégalement éloigné.*

D'un point quelconque H, pris dans le plan MN, tirez AH, BH, CH. Les deux triangles ACH, BCH, sont rectangles et égaux; donc AH = BH; donc chaque point du plan est également distant des points A et B.

Soit I un point pris hors du plan MN, tirez AI et BI. La ligne AI rencontre le plan MN en un point H; tirez BH. Le point H appartenant au plan MN, on a AH = BH : mais on a BI < BH + HI; donc aussi BI < AH+HI, ou BI < AI; donc tout point pris hors du plan MN est inégalement éloigné de A et de B.

Sur les obliques à un plan.

17. Théorème X (fig. 13). *Les obliques également éloignées de la perpendiculaire sont égales ; et, de deux obliques inégalement éloignées de la perpendiculaire, celle qui s'en éloigne le moins est la plus courte.*

Supposons que AB soit une perpendiculaire au plan MN, et AC, AD, AE, différentes obliques partant du même point A. Tirez BC, BD, BE.

Soit BC = BD : les triangles rectangles ABC et ABD sont égaux ; donc AC = AD. Donc les obliques également écartées de la perpendiculaire sont égales.

Soit BC < BE : sur BE prenez BF = BC. L'oblique AF est égale à AC. Mais AF et AE étant dans un même plan avec la ligne AB perpendiculaire sur BE, on a AF < AE; donc aussi AC < AE. Donc l'oblique la plus rapprochée de la perpendiculaire est la plus courte.

Corollaire. On déduit de là un moyen d'abaisser une perpendiculaire du point A sur le plan MN. Prenez une droite rigide suffisamment longue, et, fixant une de ses extrémités au point A, marquez avec l'autre extrémité trois points, C, D, F, sur le plan MN. D'après cette construction, les droites AC, AD, AF sont des obliques égales; donc les points C, D, F sont également éloignés du pied de la perpendiculaire demandée; donc le centre du cercle décrit par ces trois points est le pied de cette perpendiculaire.

18. Théorème XI (fig. 14). *Si d'un point quelconque d'une droite AB, oblique à un plan MN, on abaisse une perpendiculaire AC sur ce plan, et qu'on joigne le pied de l'oblique et celui de la perpendiculaire par une droite BC,*

l'oblique fera avec cette droite un angle ABC moindre qu'a-
vec toute autre ligne BD menée à son pied dans le plan.

Il s'agit de démontrer que l'angle ABC est moindre que
ABD. A cet effet, prenez BD = BC et joignez AD. La per-
pendiculaire AC est plus courte que AD : ainsi les côtés
AB, BC, du triangle ABC, sont égaux aux côtés AB, BD
du triangle ABD, et le troisième côté AC est moindre que
AD ; donc l'angle ABC est moindre que ABD.

Corollaire I. A cause de cette propriété, on est convenu
de prendre l'angle ABC pour mesurer l'inclinaison de l'o-
blique AB sur le plan MN.

Corollaire II. Si on abaisse la perpendiculaire au plan
MN par tout autre point de l'oblique AB, le pied de cette
perpendiculaire devra tomber sur BC. En effet, d'après le
théorème qu'on vient de démontrer, la droite qui joint ce
pied avec le point B, doit faire avec AB un angle moindre
que toute autre droite menée par le point B dans le plan
MN ; donc cette droite coïncide avec BC.

19. Théorème XII (fig. 15). *Si une droite AB est perpendiculaire à un plan MN, si du pied de cette ligne on
mène BE perpendiculaire à la droite CD située dans le plan
MN, et si on joint les points A et E, la droite AE, qui est
oblique à l'égard du plan, sera perpendiculaire à CD.*

Prenez EC = ED, et tirez BC, BD, AC, AD. Puisque
BE est perpendiculaire à CD, et que EC est égale à ED,
on a BC = BD. Or, de ce que AB est perpendiculaire au
plan MN, et BC égale à BD, il en résulte que l'oblique AC
= AD ; donc chacun des points A et E est également distant de C et de D ; donc AE est perpendiculaire à CD.

Droites parallèles dans l'espace.

20. Théorème XIII (fig. 16). *Par un point on ne peut
mener dans l'espace qu'une seule parallèle à une droite
donnée.*

Si par le point C il y avait deux parallèles CD et CE, à
la droite AB, chacune d'elles devrait être dans le plan conduit par la droite AB et par le point C ; donc dans un plan,
deux parallèles à une droite passeraient par le même point,
ce qui est impossible.

Corollaire. Si deux droites sont parallèles, le plan mené

par l'une d'elles et par un point de l'autre contient celle-ci
tout entière.

21. Théorème XIV (fig. **17**). *Deux droites parallèles sont
perpendiculaires aux mêmes plans.*

C'est à dire que si AB est perpendiculaire au plan MN,
la droite CD, parallèle à AB, sera aussi perpendiculaire à
ce plan.

Par les parallèles AB et CD concevez un plan, et soit
BD son intersection avec le plan MN; dans le plan MN,
menez DE perpendiculaire à BD; joignez AD. En vertu
du théorème XII, AD est perpendiculaire à DE; donc DE
est perpendiculaire aux deux droites DB et DA, et par
suite au plan ABDC des deux parallèles. Il suit de là que
l'angle CDE est droit. Mais, à cause que CD est parallèle à
la perpendiculaire AB, l'angle CDB est droit aussi; donc
CD est perpendiculaire aux deux lignes DE, DB; donc elle
est perpendiculaire au plan MN.

22. Théorème XV (fig. **17**). *Deux droites AB, CD, perpendiculaires au même plan MN, sont parallèles entre elles.*

Si CD n'est point parallèle à AB, soit DR une parallèle
à AB; d'après le théorème précédent, DR serait perpendiculaire au plan MN; donc il y aurait au point D deux
perpendiculaires au plan MN, ce qui est impossible (**12**).

23. Théorème XVI (fig. **18**). *Deux droites A et B, parallèles à une troisième C, sont parallèles entre elles.*

Menez un plan PQ perpendiculaire à la droite C. Les
droites A et B étant parallèles à C, sont perpendiculaires
au plan PQ (**21**) : or, de ce qu'elles sont perpendiculaires à
ce plan, il s'ensuit qu'elles sont parallèles entre elles (**22**).

Corollaire (fig. **19**). Si, par deux parallèles AB et CD,
on mène deux plans qui se coupent, l'intersection EF est
parallèle à ces droites. En effet, par un point E, pris sur
EF, menez dans le plan AF une parallèle à AB : elle devra
être parallèle à CD, et par conséquent elle sera aussi dans
le plan DE (**20**); donc elle n'est autre que l'intersection EF.

Droite et plan parallèles.

24. Théorème XVII (fig. **20**). *Toute droite CD, parallèle à
une droite AB située dans un plan MN, est parallèle à ce plan.*

Puisque les lignes AB et CD sont parallèles, elles sont dans un plan dont l'intersection avec le plan MN est la droite AB; donc, si CD rencontrait le plan MN, ce ne pourrait être qu'en un point de la droite AB. Mais alors CD ne serait point parallèle à AB, ce qui est contre la supposition.

25. THÉORÈME XVIII (fig. 21). *Si une droite AB est perpendiculaire à un plan MN, toute droite AC perpendiculaire à AB sera parallèle au plan MN.*

La ligne AB étant perpendiculaire au plan MN, et AC étant perpendiculaire à AB, si AC rencontrait le plan MN, on pourrait joindre le point d'intersection O avec le point B, et former un triangle OAB qui aurait deux angles droits, ce qui est absurde; donc la droite AC est parallèle au plan MN.

26. THÉORÈME XIX (fig. 20). *Lorsqu'une droite CD est parallèle à un plan MN, si on fait passer un plan CDB par cette droite, l'intersection AB des deux plans sera parallèle à la droite CD.*

Puisque la ligne CD est parallèle au plan MN, elle ne doit pas rencontrer AB. D'ailleurs elle est dans un même plan avec AB; donc elle est parallèle à AB.

Corollaire I. La droite CD étant parallèle au plan MN, une parallèle AB à CD, menée par un point A du plan MN, est tout entière dans ce plan. S'il en était autrement, le plan des parallèles AB, CD, couperait le plan MN suivant une droite passant au point A, et qui, d'après le théorème précédent, serait parallèle à AB; donc, dans un même plan, par le même point, il y aurait deux parallèles à CD, ce qui est impossible.

Corollaire II. Une droite parallèle à deux plans qui se coupent est parallèle à leur intersection. En effet, si par un point de l'intersection on mène une parallèle à la droite, cette parallèle sera contenue dans chacun des deux plans (corollaire précédent); donc elle n'est autre que leur intersection.

27. THÉORÈME XX (fig. 20). *Les parallèles AC, BD, comprises entre une droite et un plan parallèles, sont égales.*

Le plan des deux parallèles coupent le plan MN suivant une droite AB parallèle à CD; donc la figure ABDC est un parallélogramme; donc AC = BD.

Corollaire. Si AC et BD sont perpendiculaires au plan MN, ces lignes sont parallèles entre elles, et les angles A, B, C, D sont droits. Comme on a toujours AC = BD, on conclut qu'*une droite parallèle à un plan est partout à égale distance de ce plan.*

Plans parallèles entre eux.

28. Théorème XXI (fig. 22). *Lorsque deux plans MN, PQ sont perpendiculaires à une même droite AB, ils sont parallèles entre eux.*

Supposons que les plans MN, PQ puissent se rencontrer, et soit O un point de leur intersection : des points A et B, où ils coupent AB, tirez les droites OA, OB. La ligne AB étant perpendiculaire aux deux plans, les angles A et B du triangle OAB seraient droits, ce qui est impossible. Donc les plans ne se rencontrent point; donc ils sont parallèles.

29. Théorème XXII (fig. 23). *Les droites AB et CD, résultant des intersections de deux plans parallèles, MN et PQ, avec un troisième plan, RS, sont parallèles entre elles.*

En effet, les droites AB, CD ne peuvent se rencontrer : autrement, les plans MN et PQ se rencontreraient et ne seraient point parallèles. D'ailleurs ces droites sont dans un même plan RS; donc elles sont parallèles.

Corollaire (fig. 24). Par un point A on ne peut mener qu'un seul plan parallèle à un plan donné MN. Supposons qu'on en puisse mener deux PQ et PR. Conduisez un plan quelconque par le point A, et soient AB, AC, DE ses intersections avec les plans PQ, PR, MN. En vertu du théorème précédent, chacune des droites AB et AC devrait être parallèle à DE, ce qui est impossible.

30. Théorème XXIII (fig. 25). *Si deux plans MN et PQ sont parallèles, toute perpendiculaire AB à l'un d'eux est perpendiculaire à l'autre.*

Supposons que AB soit perpendiculaire au plan MN. Par le point B menez à volonté la droite BC dans le plan PQ, et faites passer un plan par AB et BC. L'intersection de ce plan avec MN sera une droite AD parallèle à BC (théor. précéd.). Or, la perpendiculaire AB au plan MN est perpendiculaire à AD, donc elle le sera aussi à la parallèle BC. Ainsi, la ligne AB est perpendiculaire à toute droite menée par son pied dans le plan PQ; donc elle est perpendiculaire à ce plan.

31. THÉORÈME XXIV (fig. 26). *Deux plans, P et Q, parallèles à un troisième, R, sont parallèles entre eux.*

Menez une droite AC perpendiculaire au plan R, elle sera aussi perpendiculaire aux plans P et Q (30). Les plans P et Q sont donc perpendiculaires à la droite AC; donc ils sont parallèles (28).

32. THÉORÈME XXV (fig. 27). *Les parallèles AB, CD, comprises entre deux plans parallèles MN et PQ, sont égales.*

Les plans MN et PQ sont coupés par celui des deux lignes AB, CD, suivant deux droites parallèles AC et BD; donc la figure ABDC est un parallélogramme, donc AB = CD.

Corollaire Si les lignes AB et CD sont perpendiculaires au plan NN, elles seront parallèles entre elles, et par conséquent égales; donc *deux plans parallèles sont partout également distants.*

33. THÉORÈME XXVI (fig. 28). *Si deux angles, non situés dans le même plan, ont leurs côtés parallèles et dirigés dans le même sens, ces angles sont égaux et leurs plans sont parallèles.*

Soient les droites AB, AC, respectivement parallèles à DE, DF; prenez AB = DE, AC = DF, et tirez BC, EF, AD, BE, CF. Puisque AB est égale et parallèle à DE, la figure ABED est un parallélogramme; donc BE est égale et parallèle à AD. De même, puisque AC est égale et parallèle à DF, la droite CF est égale et parallèle à AD; donc CF est égale et parallèle à BE, et par suite BC est égale à EF. Les triangles ABC, DEF sont donc équilatéraux entre eux; donc l'angle BAC = EDF.

Je dis de plus que les plans ABC et DEF sont parallèles entre eux. Par le point D, menez un plan DE'F' parallèle au plan ABC, et soient E', F' les points où il coupe BE et CF. Les lignes AD, BE', CF' seront égales, comme parallèles entre plans parallèles (32). Mais on a déjà AD = BE = CF; donc on aura BE = BE' et CF = CF'. Il suit de là que le point E' coïncide avec E, le point F' avec F, et le plan DE'F' avec DEF; donc le plan DEF est parallèle au plan ABC.

Corollaire. Par deux droites AC, DE, non situées dans le même plan, on peut toujours faire passer deux plans parallèles entre eux. En effet, ayant pris à volonté le point A sur l'une, et le point D sur l'autre, menez AB parallèle à DE, et DF parallèle à AC; puis conduisez deux plans, l'un passant par les droites AB, AC, et l'autre par les droites DE, DF. En vertu du théorème qui vient d'être démontré, ces deux plans sont parallèles entre eux.

34. Théorème XXVII (fig. **29**). *Trois plans parallèles interceptent sur deux droites quelconques, dans l'espace, des parties proportionnelles.*

Supposons que trois plans parallèles P, Q, R coupent deux droites AC, DF aux points A, B, C, D, E, F; je dis qu'on aura AB : BC : : DE : EF.

Parallèlement à AC, menez DH qui rencontre les plans Q et R en G et H. Les droites GE et HF sont parallèles comme intersections des plans parallèles Q et R par le plan DFH; donc DG : GH : : DE : EF. Mais on a DG = AB et GH = BC (32); donc AB : BC : : DE : EF.

Plans perpendiculaires entre eux.

35. Théorème XXVIII (fig. **30**). *Si une droite AB est perpendiculaire à un plan MN, et qu'un plan PQ soit mené suivant la droite AB, ce plan sera perpendiculaire à MN; et, réciproquement, le plan MN sera perpendiculaire à PQ.*

D'après la définition (**5**), pour que le plan PQ soit perpendiculaire au plan MN, il faut démontrer qu'il contient les perpendiculaires élevées au plan MN par les différents points de l'intersection QR des deux plans. Or, en quelque point de QR qu'on élève une perpendiculaire CD au plan MN, elle sera parallèle à AB (**22**), et par conséquent située

2

dans le plan PQ (**20**); donc le plan PQ est perpendiculaire au plan MN.

Réciproquement, je dis que le plan MN est perpendiculaire au plan PQ. Dans le plan MN, menez CE perpendiculaire à QR, et joignez BC : la ligne CE sera aussi perpendiculaire à BC (**19**). Puisque CE est perpendiculaire à la fois aux lignes QR et BC, il s'ensuit que CE est perpendiculaire au plan PQ. Ainsi, on peut dire que toutes les perpendiculaires élevées au plan PQ, par les différents points de la ligne QR, sont dans le plan MN; donc le plan MN est perpendiculaire au plan PQ.

Corollaire I. Cette démonstration prouve que si deux plans sont perpendiculaires entre eux, toute droite menée dans l'un d'eux, perpendiculairement à l'intersection, est perpendiculaire à l'autre.

Corollaire II. Si trois droites, passant par un même point, sont perpendiculaires entre elles, chacune est perpendiculaire au plan des deux autres (**11**), et les trois plans sont perpendiculaires entre eux.

56. Théorème XXIX (fig. **31**). *Quand deux plans MN et PQ sont perpendiculaires l'un à l'autre, toute perpendiculaire menée à l'un d'eux, à MN, par exemple, par un point A de l'autre plan, est contenue dans ce dernier.*

En effet, admettons qu'elle soit hors du plan PQ, et menons AC perpendiculaire à l'intersection QR. D'après la définition (**5**), la perpendiculaire élevée au plan MN par le point C doit être contenue dans le plan PQ. Or, cette ligne doit être perpendiculaire à QR; donc elle n'est autre que AC. Ainsi, par le même point A, on pourrait mener deux perpendiculaires au plan MN, ce qui est absurde.

Corollaire. Par une droite qui n'est point perpendiculaire à un plan, on ne peut mener qu'un seul plan perpendiculaire à ce plan. Car, d'après le théorème ci-dessus, le plan perpendiculaire doit contenir, outre la droite donnée, la perpendiculaire abaissée sur le plan donné, par un point quelconque de la droite donnée : or, par deux droites, on ne peut faire passer qu'un seul plan.

37. THÉORÈME XXX (fig. 52). *L'intersection* AB *de deux plans,* PQ *et* RS, *perpendiculaires à un troisième,* MN, *est perpendiculaire à ce dernier.*

Si par un point B , pris sur l'intersection AB , on mène une perpendiculaire au plan MN , elle devra se trouver dans chacun des deux plans (56); donc elle n'est autre que l'intersection AB.

Corollaire I. Un plan perpendiculaire à deux plans qui se coupent, est perpendiculaire à leur intersection.

Corollaire II. Si trois plans sont perpendiculaires entre eux, l'intersection de deux quelconques de ces plans est perpendiculaire au troisième, et les trois intersections sont perpendiculaires entre elles.

38. THÉORÈME XXXI (fig. 53). *Deux plans* AQ, CS, *qui sont perpendiculaires à un troisième* MN, *et qui passent par deux droites parallèles,* AB *et* CD, *non perpendiculaires à ce plan , sont parallèles entre eux.*

Soient PQ et RS les intersections du plan MN avec les deux plans qui lui sont perpendiculaires : menez dans ces plans les droites AP, CR, respectivement perpendiculaires à PQ, RS. Ces droites seront perpendiculaires au plan MN, et par conséquent parallèles (22) ; donc les angles BAP, DCR ont leurs côtés parallèles ; donc les plans AQ, CS sont parallèles (55).

Sur la plus courte distance de deux droites.

39. THÉORÈME XXXII (fig 54). *Étant donné deux droites* AB, CD, *non situées dans le même plan :* **1°** *on peut toujours mener une droite perpendiculaire à la fois à chacune d'elles;* **2°** *on n'en peut mener qu'une ;* **3°** *cette perpendiculaire est la plus courte distance entre les deux droites.*

Par un point quelconque de la droite AB , menez AE parallèle à CD, et conduisez le plan MN par AB et AE. D'un point quelconque de CD , abaissez DF perpendiculaire au plan MN, et dans ce plan , parallèlement à AE, menez FG qui rencontre AB et G. Enfin, menez GH parallèle à DF.

Les droites FG, CD, étant parallèles à AE, sont paral-

lèles entre elles (**25**) ; donc GF est dans le même plan que
CD et DF. Par suite GH, parallèle à DF, est aussi dans
ce plan, et doit rencontrer CD. D'un autre côté, la ligne
DF ayant été menée perpendiculaire au plan MN, sa parallèle GH est aussi perpendiculaire à ce plan (**21**), et par
conséquent aux droites AB, GF. Mais GF étant parallèle
à CD, il s'ensuit que GH est perpendiculaire à CD. Donc
1° on peut mener une droite perpendiculaire à la fois aux
deux droites AB, CD.

Supposons, s'il est possible, qu'une autre droite, IK,
soit perpendiculaire à ces deux droites. Si, dans le plan
MN, on mène IL parallèle à AE, la ligne IK sera perpendiculaire à AB et à IL, et par conséquent au plan MN.
Mais si on mène parallèlement à DF, la droite KO qui est
dans le plan CDF, cette ligne sera aussi perpendiculaire
au plan MN : ainsi il y aurait deux perpendiculaires abaissées du point K sur le plan MN, ce qui est impossible.
Donc 2° il n'y a qu'une seule droite perpendiculaire à la
fois sur AB et CD.

Quelle que soit la plus courte ligne qu'on puisse mener
entre AB et CD, elle doit être droite : autrement, sans
changer ses extrémités, on pourrait mener entre ces mêmes
extrémités une ligne droite qui serait plus courte. Ensuite
cette ligne droite ne peut être différente de GH. En effet,
supposons que ce soit IK, et menons encore la parallèle
KO à DF. La ligne KO serait perpendiculaire au plan MN,
KI serait une oblique, et on aurait $KO < KI$; mais GH
$= KO$ (**32**) ; donc $GH < KI$. Donc 3° la droite GH est la
plus courte distance de AB à CD.

Des angles formés par les plans.

40. Théorème **XXXIII** (fig. **35.**) *Un angle dièdre a pour
mesure l'angle formé par les perpendiculaires menées dans les
deux faces à un même point de l'arête.*

Il faut démontrer avant tout que l'angle des perpendiculaires est le même en quelque point de l'arête qu'il soit
formé. Et en effet, dans les faces BAM, BAN, menez les
perpendiculaires AM et BP, AN et BQ, sur l'arête AB : les
droites AM et AN seront respectivement parallèles à BP et
BQ ; donc l'angle $MAN = PBQ$ (**33**).

Il faut prouver maintenant que l'angle des perpendiculaires varie dans le même rapport que l'angle des plans. Supposons que le plan BN, en tournant autour de AB, ait pris la position BAG, et que la perpendiculaire AN se soit placée en AG. Comme le plan MAN est perpendiculaire à AB, la ligne AG doit être comprise dans ce plan (15). Cela posé, je dis qu'on aura toujours, entre les angles dièdres MABN et MABG, la proportion

[a]   MABN : MABG : : MAN : MAG.

Considérons le cas où les angles MAN, MAG ont une commune mesure, et représentons par m et n les nombres entiers qui expriment combien de fois ils la contiennent, de telle sorte qu'on ait

MAN : MAG : : m : n.

Portez cette commune mesure dans l'angle MAN autant de fois qu'elle y est contenue : cet angle sera partagé en m parties égales, et MAG en contiendra n. Menez des plans par l'arête AB et par chacune des divisions Ax, Ay, Az,... de l'angle MAN. De cette manière l'angle dièdre MABN sera décomposé en m parties. Or, en prenant l'une de ces parties, MABx, par exemple, et la faisant tourner autour de AB, il est évident que l'angle MAx ne quittera point le plan MAN, qu'il ira se placer successivement sur chacun des angles partiels xAy, yAG,... et que par suite l'angle dièdre MABx coïncidera lui-même, successivement, avec chacun de ceux qui composent l'angle dièdre MABN. L'angle dièdre MABN contient donc m fois l'angle partiel MABx, et l'angle dièdre MABG le contient n fois; donc

MABN : MABG : : m : n.

En comparant cette proportion avec la précédente, il vient

MABN : MABG : : MAN : MAG ;

donc la proportion [a] est démontrée pour le cas où les angles MAN, MAG sont commensurables.

Quand les angles MAN, MAG sont incommensurables, on peut, au moyen du raisonnement connu, faire voir que la proportion [a] est encore vraie; donc, dans tous les cas, l'angle dièdre est mesuré par l'angle des perpendiculaires.

41. *Scolie I.* Dans le raisonnement connu auquel je viens de renvoyer pour le cas des incommensurables, la rigueur est plus apparente que réelle : car on s'y appuie sur les propriétés des proportions, et, quand on établit ces propriétés, on considère toujours des rapports entre quantités commensurables. C'est pourquoi je proposerai ici une démonstration nouvelle, qui a d'ailleurs l'avantage d'embrasser les deux cas à la fois. Mais il faut auparavant donner du *rapport* une définition qui puisse s'appliquer aux grandeurs incommensurables.

Pour mieux fixer les idées, je supposerai qu'on ait à comparer deux lignes AB et CD (fig. 36). Portons la plus petite CD sur la plus grande AB : soit α le nombre de fois qu'elle y est contenue, et EB le reste. Divisons ensuite CD en 2, 3, 4,... parties égales, jusqu'à ce qu'on trouve une subdivision qui, étant portée sur AB, laisse un reste FB $<$ EB : soit α' le nombre de fois qu'elle est contenue dans AB, abstraction faite du reste FB, et soit β' le nombre de fois qu'elle est contenue dans CD. Divisons encore CD en un plus grand nombre de parties égales, jusqu'à ce qu'on en trouve une qui, portée sur AB, laisse un reste GB $<$ FB, et désignons par α'' et β'' les nombres qui expriment combien de fois elle est comprise dans AB et CD. Concevons que l'on continue de diviser ainsi CD en parties égales de plus en plus petites, en ayant soin de s'arrêter, comme nous l'avons fait, aux subdivisions qui, étant portées sur AB, laissent des restes de plus en plus petits. Les rapports des longueurs AE, AF, AG,... à CD seront exprimés par $\frac{\alpha}{1}$, $\frac{\alpha'}{\beta'}$, $\frac{\alpha''}{\beta''}$,...

Ces longueurs vont en croissant, et, selon que AB est commensurable ou incommensurable avec CD, on peut en trouver une qui soit ou exactement égale à AB ou aussi peu différente de AB qu'on voudra. En même temps, les rapports ci-dessus vont aussi en croissant, et tendent évidemment vers une limite fixe, qui sera assignable exactement, ou dont on pourra approcher autant qu'on voudra. Or, quelle que soit cette limite, c'est elle qui est le *rapport* de AB à CD.

Cela posé, imaginons qu'on ait divisé l'angle MAG

(fig. 35) en β parties égales, et qu'une de ces parties ait pu être portée sur MAN un nombre de fois α, le reste étant négligé. En menant des plans par l'arête AB et par les lignes de division tracées dans le plan MAN, l'angle dièdre MABG sera divisé aussi en β parties égales, et l'angle dièdre MABN en contiendra α (avec un reste qu'on néglige). La même chose a lieu quand on décompose l'angle MAG en un plus grand nombre de parties égales; et de là on conclut que si le rapport de MAN à MAG est la limite des fractions $\frac{\alpha}{\beta}$, $\frac{\alpha'}{\beta'}$, $\frac{\alpha''}{\beta''}$,.... celui des angles dièdres MABN, MABG sera la limite des mêmes fractions. Donc ces rapports sont égaux, et la proportion [a] est démontrée.

42. *Scolie II.* Il est très important de remarquer que si les droites AM, AN (fig. 37), menées dans les deux faces, n'étaient point perpendiculaires à AB, l'angle MAN ne pourrait plus mesurer l'angle dièdre. D'abord il est évident que si ces droites font avec AB des angles inégaux CAM, CAN, et que l'angle dièdre diminue jusqu'à zéro, l'angle MAN ne deviendra pas zéro; donc il faut que les angles CAM et CAN soient égaux.

Prenons donc les lignes AM et AN également inclinées sur AB, et faisons voir que l'angle de ces obliques ne varie point dans le même rapport que celui des plans. A cet effet, changeons la position du plan BAN, et supposons qu'il se place en BAG, et AN en AG. Si les angles des obliques mesuraient ceux des plans, on devrait avoir

$$\text{MABN : MABG : GABN : : MAN : MAG : GAN.}$$

Or MABN $=$ MABG $+$ GABN; donc on aurait

[*b*] $\qquad$ MAN $=$ MAG $+$ GAN.

Dans les trois plans, menez les perpendiculaires CM, CN, CG, à l'arête BA : les triangles ACM, ACN, ACG, seront égaux et donneront CM$=$CN$=$CG ; donc les points M, N, G ne sont pas en ligne droite; donc les obliques AM, AN, AG ne sont pas dans un même plan. Or, on démontrera plus loin (47) que, dans ce cas, l'angle plan MAN est moindre que MAG $+$ GAN; donc l'égalité [*b*] est impossible;

donc l'angle des obliques ne varie point dans le même rapport que l'angle dièdre.

Corollaire. On dit qu'un angle dièdre est *droit, aigu* ou *obtus,* selon que l'angle des perpendiculaires est lui-même droit, aigu ou obtus. D'après ces définitions, il est facile de voir que dans tout angle dièdre droit les faces sont perpendiculaires l'une sur l'autre.

Il est également facile d'établir, sur les angles dièdres, les propositions qui ont leurs analogues par rapport aux angles plans. Ainsi, par exemple, lorsque deux plans se traversent mutuellement, la somme des angles adjacents est égale à deux angles droits, et les angles opposés au sommet sont égaux. La rencontre de deux plans parallèles par un troisième plan donne lieu aux mêmes égalités d'angles que la rencontre de deux droites parallèles par une sécante : c'est ce que prouvera suffisamment la proposition suivante.

45. Théorème XXXIV (fig. 58). *Lorsque deux plans parallèles,* MN *et* PQ, *sont coupés par un troisième plan,* RS, *les angles dièdres correspondants sont égaux.*

Il s'agit de faire voir que l'angle dièdre MABR = PCDR. Menez un plan perpendiculaire à AB, lequel coupera le plan RS suivant la ligne AR, et les plans MN, PQ, suivant les parallèles AM, CP, de sorte qu'on aura l'angle MAR = PCR. Puisque le plan RAM est perpendiculaire à AB, les droites AM et AR sont perpendiculaires aussi à AB, et l'angle MAR mesure l'angle dièdre MABR. Mais CD étant parallèle à AB, le plan RAM est aussi perpendiculaire sur CD, et par suite PCR mesure l'angle dièdre PCDR. Or on a MAR=PCR; donc l'angle dièdre MABR=PCDR.

Scolie (fig. 59). La réciproque n'est point vraie : car si on trace dans un plan RS deux droites AB, CD, qui se rencontrent, et si on mène, par ces droites, deux plans BM, DP, également inclinés vers le même côté R du plan RS, il est évident que ces plans ne seront point parallèles.

Mais si, outre l'égalité des angles dièdres, on suppose que les lignes AB et CD soient parallèles (fig. 58), alors les deux plans BM, DP sont parallèles. En effet, le plan RAM, perpendiculaire aux lignes AB et CD, détermine, par ses intersections avec les trois plans, les angles MAR et PCR qui, par hypothèse, doivent être égaux ; donc CP est parallèle à AM. Mais déjà CD est parallèle à AB; donc les plans BM et DP sont parallèles (33).

44. Théorème XXXV (fig. 40). *Si un plan BP divise un angle dièdre en deux parties égales, chaque point du plan BP sera également distant des faces BM, BN; et tout point pris hors de ce plan sera inégalement distant de ces faces.*

Du point C pris dans le plan BP abaissez les perpendiculaires CD, CE, sur les plans BM, BN, et menez le plan DCE qui coupe les trois plans suivant FC, FD, FE. La droite AB sera perpendiculaire à ces trois lignes (n° 37, coroll. 1); donc les angles CFD, CFE mesurent les angles dièdres PABM, PABN. Par hypothèse, ces angles dièdres sont égaux; donc CFD = CFE. Par suite, les triangles rectangles CDF, CEF sont égaux, et l'on a CD = CE. Donc chaque point du plan BP est également distant des faces BM, BN.

Soit G un point hors du plan BP : abaissez les perpendiculaires GE, GH; menez le plan EGH, qui détermine les intersections EF, FH; par le point C, où GE rencontre le plan BP, abaissez sur le plan BM la perpendiculaire CD, qui sera dans le plan EGH; enfin joignez DG. On a GD < GC + CD, et comme le point C est dans le plan BP, on a CD = CE; donc GD < CE. Or, GH est perpendiculaire au plan ABM, et GD est oblique; donc on a GH < GD; donc à fortiori GH < GE. Donc tout point hors du plan BP est inégalement distant des faces BM, BN.

45. Théorème XXXVI (fig. 41). *Si d'un point O, pris dans l'intérieur d'un angle dièdre, on abaisse des perpendiculaires OC, OD, sur les deux faces, l'angle COD de ces perpendiculaires sera le supplément de l'angle dièdre.*

Le plan COD est perpendiculaire à l'arête AB (37, coroll. 1), et il détermine, par ses intersections avec les deux faces, l'angle CED, qui mesure l'angle de ces faces. Or, le quadrilatère OCED est rectangle en C et en D; donc l'angle COD est supplément de CED.

46. Théorème XXXVII (fig. 42). *Si d'un point O, pris dans l'intérieur d'un angle trièdre S, on abaisse des perpendiculaires OP, OQ, OR, sur les faces ASB, ASC, BSC, ces perpendiculaires détermineront un nouvel angle trièdre, dont*

*les faces seront suppléments des angles dièdres de l'angle so-
lide S, et dont les angles dièdres seront suppléments des faces
de ce même angle solide.*

Les faces du nouvel angle trièdre O sont les angles plans
POQ, POR, QOR, formés par les perpendiculaires OP,
OQ, OR; donc, d'abord, ces faces sont les suppléments
des angles dièdres formés suivant SA, SB, SC (**45**).

Maintenant, observons que le plan POQ est perpendiculaire aux faces ASB, ASC (**55**), et que par suite l'arête
SA est perpendiculaire à ce plan (**57**, coroll. **1**). De même
SB est perpendiculaire au plan POR, et SC au plan QOR.
Ainsi, les arêtes de l'angle solide S sont respectivement
perpendiculaires aux faces de l'angle solide O; donc les
faces de S sont les suppléments des angles dièdres de O,
ou réciproquement les angles dièdres de O sont les suppléments des faces de S.

Scolie. A cause de ces propriétés, les angles trièdres S
et O sont dits *supplémentaires.* On pourrait aussi remarquer qu'à tout angle polyèdre correspond un angle polyèdre *supplémentaire.*.

47. THÉORÈME XXXVIII (fig. **45**). *Dans un angle trièdre , chaque angle plan est moindre que la somme des deux
autres.*

Pour qu'il y ait lieu à démonstration, il faut qu'une face
soit plus grande que chacune des deux autres, prise sépa-
rément. Soit ASB cette face : faites y l'angle ASD = ASC;
tirez à volonté, entre les arêtes SA et SB, la droite AB qui
coupe SD en D; sur la troisième arête prenez SC = SD;
enfin menez CA, CB.

D'après la construction, les triangles ASD, ASC sont
égaux; donc AD = AC. Mais on a AD + DB < AC + CB;
donc DB < CB. Ainsi, dans les triangles SBD, SBC, on a
SB commun, SD = SC, DB < CB; et de là on conclut
l'angle DSB < CSB. Ajoutant ASD d'une part, et ASC de
l'autre, il vient ASD + DSB ou ASB < ASC + CSB.

48. THÉORÈME XXXIX (fig. **44.**). *La somme des angles
plans qui forment un angle solide est moindre que quatre angles droits.*

Ayant mené un plan qui coupe les aces de l'angle solide

S suivant le polygone ABCDE, prenez un point dans l'intérieur du polygone, et joignez-le aux différents sommets A, B, C... De cette manière on formera, dans le polygone, des triangles eu nombre égal à ceux qui se réunissent au sommet S, et par conséquent la somme des angles des premiers est égale à celle des angles des derniers. Cela posé, le théorème précédent donne

$$OAE + OAB < SAE + SAB,$$
$$OBA + OBC < SBA + SBC,$$
etc.

La somme des angles contigus aux points A, B, C est donc moindre dans les triangles du polygone que dans les triangles latéraux; donc, par compensation, la somme des angles en S est moindre que celle des angles en O. Or, cette dernière somme est égale à quatre angles droits; donc la somme des angles en S est moindre que quatre droits.

49. THÉORÈME XL (fig. 45). *On peut toujours former un angle trièdre avec trois angles plans qui satisfont aux conditions des deux théorèmes précédents.*

Dans un même plan construisons l'angle ASB égal à la plus grande des trois faces, et les angles ASM, BSN égaux aux deux autres ; du centre S, avec un rayon arbitraire, décrivons un cercle qui détermine les points A, B, M, N ; prenons l'arc AM' = AM, et l'arc BN' = BN : puisque ASB est la plus grande face, les points M' et N' devront tomber entre A et B. De plus, par hypothèse, on a ASB < ASM + BSN; donc aussi arc AB < AM' + BN'; donc le point N' est entre A et M'; donc les cordes MM', NN' doivent se couper en O dans l'intérieur du cercle. Elevez au point O une perpendiculaire OC au plan ASB; avec une hypoténuse GC égale à la demi-corde GM achevez le triangle rectangle GOC; enfin joignez SC : l'angle solide formé par les arêtes SA, SB, SC sera l'angle trièdre demandé.

Tout se réduit à prouver que les angles ASC, BSC sont respectivement égaux à ASM, BSN. Et en effet, OG étant perpendiculaire à la ligne SA, et OC étant perpendiculaire au plan ASB, l'angle CGS est droit (19), et par suite les triangles CGS, MGS sont égaux; donc l'angle ASC = ASM. L'égalité des mêmes triangles donne SC = SM ; donc SC

$=$ SN. Or l'angle CHS doit aussi être droit (19); donc les triangles rectangles CHS, NHS sont égaux comme ayant l'hypoténuse égale et un côté commun; donc enfin l'angle BSC $=$ BSN.

En prolongeant OC, d'une quantité égale OC', de l'autre côté du plan ASB, et joignant SC', on formerait un second angle trièdre qui serait encore composé des mêmes angles plans.

50. Théorème XLI (fig. 46). *Lorsque deux angles trièdres ont leurs faces égales, chacune à chacune, les angles dièdres compris par les faces égales sont égaux.*

Supposons qu'on ait ASB $=$ A'S'B', ASC $=$ A'S'C', BSC $=$ B'S'C'. Dans les plans ASC, BSC, élevez sur l'arête SC les perpendiculaires DE, DF. Prenez S'D'$=$SD, et, dans les plans A'S'C', B'S'C', menez sur S'C' les perpendiculaires D'E', D'F'. Les deux angles dièdres, formés suivant SC, S'C', ont pour mesures les angles plans EDF, E'D'F'; et la question consiste à faire voir que EDF $=$ E'D'F'.

Des hypothèses et des constructions ci-dessus il résulte que SD $=$ S'D', SDE $=$ S'D'E', ASC $=$A'S'C'; donc les triangles DSE, D'S'E' sont égaux. Par des raisons semblables, les triangles DSF, D'S'F' sont aussi égaux; donc on a

DE $=$ D'E', DF $=$ D'F', SE $=$ S'E', SF $=$ S'F'.

Les triangles ESF, E'S'F' ont donc un angle égal compris entre côtés égaux; donc EF $=$ E'F'. Donc les triangles DEF, D'E'F' sont équilatéraux entre eux; donc l'angle EDF $=$ E'D'F'.

51. *Autre démonstration* (fig. 47). Les raisonnements précédents supposent que les perpendiculaires DE, DF rencontrent les arêtes SA et SB, ce qui n'arrive pas toujours. La démonstration suivante ne souffre aucune exception.

Prenez S'D' $=$ SD, et menez, comme plus haut, les perpendiculaires DE, DF, D'E', D'F'. Prenez SG $>$ SD; tirez GH qui coupe SA en H et DE en K; tirez GI qui coupe SB en I et DF en L; joignez IH, KL. Prenez encore les distances S'G' $=$ SG, S'H' $=$ SH, S'I' $=$ SI, et achevez les constructions indiquées sur la figure.

Le triangle GHS est égal à G'H'S', GIS à G'I'S', HSI à H'S'I'; et de là il résulte que les triangles GHI, G'H'I' sont équilatéraux entre eux, donc l'angle H G I = H'G'I'. L'égalité des premiers triangles donne aussi l'angle HGS = H'G'S', et IGS = I'G'S' : d'ailleurs, par construction, DG = D'G' ; donc les triangles rectangles DGK, DGL sont respectivement égaux à D'G'K', D'G'L'. De là on conclut GK = G'K', GL = G'L'; donc les triangles GKL, G'K'L', ont un angle égal compris entre côtés égaux; donc KL =K'L'. Mais l'égalité des mêmes triangles rectangles donne encore DK = D'K', DL = D'L'; donc les triangles DKL, D'K'L' sont égaux; donc enfin l'angle KDL = K'D'L' : c'est à dire que les faces égales comprennent des angles dièdres égaux.

52. *Scolie.* On pourrait encore conserver la première démonstration en la complétant de la manière suivante.

Après avoir reconnu, comme dans la seconde démonstration, que l'angle SGH = S'G'H', l'angle SGI = S'G'I', l'angle HGI = H'G'I' on observera que les angles trièdres G et G' ont leurs faces égales chacune à chacune, et qu'en outre les angles SGH, SGI, S'G'H', S, G'I' sont aigus; donc si on applique la première démonstration aux angles solides G et G', on pourra conclure que les angles dièdres HSGI, H'S'G'I' sont égaux. Or ils sont précisément ceux que forment les faces ASC, A'S'C' avec les faces BSC, B'S'C'.

53. Théorème XLII (fig. 48). *Deux angles trièdres sont égaux lorsque leurs faces sont égales, chacune à chacune, et semblablement disposées.*

Soient ASB = A'S'B', ASC = A'S'C', BSC = B'S'C'. Il est toujours possible de placer l'angle solide S' dans l'angle solide S, de manière que la face A'S'B' coïncide avec son égale ASB, et que l'arête S'C' soit du même côté que SC, par rapport à cette face. Par hypothèse, les faces égales doivent être *semblablement disposées*, condition qui signifie qu'après la superposition dont on vient de parler, les faces A'S'C', B'S'C' doivent avoir les arêtes SA, SB, communes avec les faces ASC, BSC, qui leur sont respectivement égales. Mais d'après le théorème précédent, les inclinaisons de A'S'C' et de B'S'C' sur la face A'S'B' sont égales aux inclinaisons de ASC et de BSC sur ASB; donc les plans A'S'C', B'S'C' doivent respectivement coïncider avec ASC, BSC; donc les angles trièdres sont égaux.

54. *Scolie.* Quand les faces égales ne sont pas semblablement disposées, la superposition indiquée plus haut ne

fait plus passer la face A'S'C' suivant l'arête SA, mais suivant SB; et en même temps B'S'C' passe suivant SA. Alors les angles dièdres entre les faces égales n'en sont pas moins égaux; mais cette égalité n'entraîne plus la coïncidence des autres faces, et par suite les angles solides ne sont pas égaux.

Dans ce cas, si on veut encore placer A'S'B' sur ASB de manière que l'arête SA devienne commune aux faces égales ASC, A'S'C', et l'arête SB commune aux faces BSC, B'S'C', il est évident que S'C' prendra une position SD (fig. 40) de l'autre côté du plan ASB. On va démontrer que les lignes SC, SD sont dans un plan perpendiculaire à la face commune à ASB, et qu'elles sont également inclinées à l'égard de cette face.

Prenez SD = SC; tirez CD qui rencontre le plan ASB en O, et menez SO qui est l'intersection des plans ASB, CSD. Dans le plan ASB, menez à volonté la droite AOB qui passe au point O, et qui rencontre SA et SB; puis achevez les constructions comme sur la figure. Les triangles ACS, ADS sont égaux, et donnent AC = AD. Pareillement, les triangles égaux BCS, BDS donnent BC = BD; donc AB est perpendiculaire au milieu de CD. Le point O est donc le milieu de CD; et puisqu'on a pris SC = SD, il s'ensuit que SO est perpendiculaire à CD. La ligne CD est donc perpendiculaire à la fois à AB et à SO; donc par suite le plan CSD est perpendiculaire au plan ASB (35). De plus, les triangles égaux COS, DOS prouvent que les lignes SC et SD sont également inclinées à l'égard de ce plan.

Quand deux angles trièdres sont tels que les précédents, c'est à dire quand ils ont les faces égales et également inclinées, mais qu'ils ne peuvent point coïncider, parce que les faces égales ne sont point semblablement disposées, on dit qu'ils sont *symétriques*.

55. Pour ne rien laisser à désirer sur les angles polyèdres, il faudrait expliquer comment on ramène leur mesure à celle des angles dièdres : mais, sur ce point, je renverrai aux traités ordinaires de géométrie.

Théorèmes à démontrer.

56. Je terminerai par proposer, seulement comme exercices, les énoncés de divers théorèmes dont les démonstrations se déduisent avec facilité de ce qui précède.

I. Si, par un point d'une droite A, ou même plusieurs droites égales, formant des angles égaux avec A, les extrémités de ces droites seront situées sur une circonférence de cercle dont le plan est perpendiculaire à la droite A, et dont le centre est sur cette droite.

II. Lorsqu'une droite fait des angles égaux avec trois droites passant par son pied dans un plan, ces angles sont droits, et la droite est perpendiculaire au plan.

III. Toutes les parallèles à une droite, menées par les différents points d'une même droite, sont dans un même plan.

IV. Lorsque, par les différents points d'une droite située dans un plan, on mène, d'un même côté de ce plan, des droites parallèles et égales, les extrémités de ces parallèles sont sur une droite parallèle au plan.

V. Si une droite est perpendiculaire à un plan, tout plan parallèle à cette droite est perpendiculaire au même plan.

VI. Si deux plans sont perpendiculaires entre eux, toute droite perpendiculaire à l'un d'eux est parallèle à l'autre, ou y est contenue tout entière.

Et, réciproquement, si une droite est parallèle à un plan, tout plan perpendiculaire à cette droite est aussi perpendiculaire au premier plan.

VII. Si un plan est parallèle à deux droites qui se coupent, il est parallèle au plan de ces droites.

VIII. Si trois droites, non situées dans un même plan, sont égales et parallèles, les triangles formés de part et d'autre, en joignant leurs extrémités, sont égaux, et leurs plans sont parallèles.

IX. Si, par les différents points d'un plan, on mène, du même côté de ce plan, des droites égales et parallèles, les extrémités de ces droites seront dans un plan parallèle au premier.

X. Si une droite est parallèle à un plan, toute droite parallèle à celle-là est aussi parallèle au même plan, ou bien elle y est située tout entière.

XI. Quand deux droites A et B sont parallèles, deux droites A' et B', respectivement parallèles à A et à B, sont parallèles entre elles.

XII. Quand deux plans P et Q sont parallèles, deux plans P' et Q', respectivement parallèles à P et à Q, sont parallèles entre eux.

XIII. Si deux plans P et Q sont respectivement parallèles à deux plans P' et Q' qui se coupent, l'intersection des deux premiers est parallèle à celle des deux derniers.

XIV. Lorsque deux plans sont parallèles, une droite parallèle à l'un d'eux est aussi parallèle à l'autre, ou bien elle y est comprise tout entière.

XV. Quand deux droites se coupent, les plans respectivement perpendiculaires à ces droites se coupent aussi.

XVI. Quand une droite et un plan se rencontrent, une droite perpendiculaire au plan et un plan perpendiculaire à la droite se rencontrent aussi.

XVII. Les plans perpendiculaires aux milieux des côtés d'un triangle se coupent suivant la même droite.

XVIII. Etant donné quatre points non situés dans le même plan, si on mène des plans perpendiculaires aux milieux des droites qui joignent ces points deux à deux, tous ces plans iront passer par un même point.

XIX. Deux droites parallèles qui rencontrent un plan sont également inclinées sur ce plan.

XX. Deux plans parallèles qui rencontrent une droite font, avec cette droite, des angles égaux.

XXI. Deux angles dièdres sont égaux lorsque leurs faces sont parallèles et dirigées du même côté.

XXII. Les trois plans qui divisent en deux parties égales les angles dièdres d'un angle solide triple, se coupent suivant la même droite.

XXIII. Si deux droites, non situées dans le même plan, sont divisées en deux parties, de telle sorte que les deux segments de l'une soient proportionnels aux deux segments de l'autre, on pourra toujours conduire trois plans parallèles entre eux : l'un, passant par les deux extrémités supérieures des droites; le second, par les extrémités inférieures; et le troisième, par les deux points de division.

XXIV. Etant donné trois droites non parallèles à un plan, et tellement situées que deux d'entre elles, prises comme on voudra, ne soient pas dans le même plan, on peut toujours construire un parallélipipède qui ait trois arêtes dirigées suivant ces droites.

TRAITÉ
DE GÉOMÉTRIE
DESCRIPTIVE.

PREMIÈRE PARTIE.

LA LIGNE DROITE ET LE PLAN.

Notions fondamentales.

1. LA GÉOMÉTRIE DESCRIPTIVE a pour objet spécial d'exposer les méthodes au moyen desquelles on ramène la résolution des questions qui embrassent les trois dimensions de l'étendue, à des constructions qu'on puisse effectuer sur un plan.

Un seul exemple suffira pour montrer toute l'importance de cette partie des mathématiques. Supposons qu'on demande le centre de la sphère circonscrite à une pyramide triangulaire. On reconnaît facilement que les plans perpendiculaires aux milieux des arêtes se coupent au centre de cette sphère; mais comment réaliser cette construction? comment obtenir ces plans? et comment trouver leur intersection?

Ici on sent la nécessité d'établir des procédés au

3

moyen desquels on puisse représenter exactement sur un plan toutes les données d'un problème, et faire ensuite, avec ces données, des constructions qui, sans sortir de ce plan, conduisent à des résultats sur lesquels il n'y ait plus à effectuer que des opérations simples et faciles, pour en déduire les véritables déterminations exigées par l'énoncé du problème.

2. Toutes les méthodes qui remplissent ces conditions sont du ressort de la géométrie descriptive ; mais celle des projections est la plus simple de toutes, et en même temps la plus féconde : c'est elle qui sert de base à toutes les autres, et c'est elle que je me propose de développer dans ce traité. En sommaire, on peut dire qu'elle consiste à prendre deux plans fixes qui se coupent, à y rapporter tous les points de l'espace par des perpendiculaires abaissées de ces points sur les deux plans, et à faire tourner ensuite l'un de ces plans autour de son intersection avec l'autre, pour le rabattre sur celui-ci. Entrons dans les détails.

3. On appelle PROJECTION *d'un point sur un plan le pied de la perpendiculaire abaissée de ce point sur le plan.*

Ainsi, concevez que par le point P (pl. II, fig. 1) on mène Pp perpendiculaire au plan MN : le pied *p* de cette perpendiculaire est la projection du point P sur le plan MN. Le plan MN se nomme alors *plan de projection.* Il est clair que le point *p* est en même temps la projection de tous les points de la droite Pp.

4. *La* PROJECTION *d'une ligne sur un plan est la ligne formée par les projections de tous les points de cette ligne.*

Des différents points de la courbe AB (fig. 1), abaissez des perpendiculaires sur le plan MN : la ligne *ab*, formée par les pieds de ces perpendiculaires, est la projection de la courbe AB. Ces perpendiculaires étant parallèles entre elles, leur ensemble forme une surface qui appartient à la classe de celles qu'on appelle *cylindres* ; et, pour cette raison, on la désigne souvent sous la dénomination de *cylindre projetant*.

On peut considérer la projection *ab* comme l'intersection de ce cylindre par le plan MN, et il est évident que toutes les courbes tracées sur ce cylindre ont aussi *ab* pour projection.

5. Quand la courbe AB est plane, et que son plan est perpendiculaire au plan de projection (fig. 2), le cylindre projetant n'est autre chose que le plan même de la courbe : car les perpendiculaires, qui déterminent les projections des points de cette courbe, sont toutes renfermées dans ce plan (*Introd.* 36). Alors la projection de la courbe se réduit à une droite *ab*.

Lorsque la courbe est dans un plan parallèle au plan de projection, il est clair qu'elle a pour projection une courbe qui lui est parfaitement égale.

6. Lorsque la ligne à projeter est une droite AB (fig. 3), les perpendiculaires, abaissées de ses différents points sur le plan de projection MN, sont encore dans un même plan, et par conséquent sa projection est une droite. Or, deux points déterminent une droite ; donc, pour projeter la droite AB sur le plan MN, il suffit de faire les projections *a* et *b* de

deux de ses points, et de mener une droite par ces deux projections.

Remarquez aussi que, pour avoir *le plan projetant* de la droite AB, il suffit de mener, par un de ses points, une perpendiculaire A*a* au plan MN, et de faire passer un plan par les deux droites AB et A*a*.

Si la droite AB était perpendiculaire au plan MN, sa projection se réduirait à un seul point, et ce serait celui où elle rencontre le plan MN.

7. *Un point est complètement déterminé quand on connaît ses projections sur deux plans qui se coupent.* En effet, ce point doit se trouver sur les perpendiculaires menées à ces plans par les deux projections données ; et ces perpendiculaires ne peuvent se couper en plus d'un point.

Mais il y aurait erreur de croire que deux points, pris à volonté dans deux plans qui se coupent, sont toujours les projections d'un même point de l'espace. Pour que cela soit, il faut que ces points remplissent une condition qu'on va établir.

8. *Pour que deux points, situés respectivement dans deux plans qui se coupent, soient les projections d'un même point de l'espace, il faut, et cette condition est suffisante, que les perpendiculaires menées par ces points sur l'intersection des deux plans, tombent au même point de cette intersection.*

Soient (fig. 4) deux plans *xyz*, *xyu*, dont l'intersection est *xy*. D'un point A, pris à volonté dans l'espace, abaissez sur ces plans les perpendiculaires A*a*, A*a'* ; puis, menez par ces lignes le plan A*apa'* qui coupe la ligne *xy* au point *p*, et les deux plans sui-

vant les droites *ap*, *a'p*. D'après des théorèmes connus (*Introd.* 35, 37), la ligne *xy* sera perpendiculaire au plan A*apa'*, et par suite aux droites *ap*, *a'p*,
qui passent par son pied dans ce plan ; donc les perpendiculaires abaissées sur *xy*, par les projections *a*
et *a'* du point A, doivent tomber au même point.

Il faut encore prouver que cette condition suffit,
c'est à dire que deux points *a* et *a'* qui y satisfont sont
toujours les projections d'un même point de l'espace.
En effet, la ligne *xy* étant perpendiculaire aux droites *ap*, *a'p*, doit l'être aussi au plan *apa'*, et par suite
les plans *xyz*, *xyu* sont perpendiculaires à ce dernier,
ou réciproquement le plan *apa'* est perpendiculaire
aux plans *xyz*, *xyu* ; donc, si par les points *a* et *a'* on
élève des perpendiculaires aux plans *xyz*, *xyu*, ces
perpendiculaires seront dans le plan *apa'* (*Introd.* 36).
Dès lors il est évident qu'elles doivent se couper en
un point A, dont les projections sont *a* et *a'*.

9. *Une droite est déterminée quand on connaît ses
projections sur deux plans qui se coupent.* En effet, par
chaque projection, concevez un plan perpendiculaire au plan de cette projection ; vous aurez ainsi
deux plans qui doivent contenir la droite (6), et leur
intersection fera connaître cette droite.

Par exemple, si *ab* et *a'b'* (fig. 5) sont les projections d'une droite, on imaginera suivant *ab* un plan
perpendiculaire au plan *xyz*, et suivant *a'b'* un plan
perpendiculaire à *xyu*. L'intersection AB des deux
plans ainsi déterminés est la droite qui a pour projections *ab*, *a'b'*.

Quand les droites *ab*, *a'b'* sont perpendiculaires à

xy (fig. 6), et coupent cette ligne en des points différents m et n, elles ne peuvent pas être les projections d'une même droite. Pour le prouver, il suffit de faire voir que le plan amp, conduit par la ligne am perpendiculairement au plan xyz, est parallèle au plan $a'nq$, mené suivant $a'n$ perpendiculairement à xyu. En effet, de ce que les plans amp et xyz sont perpendiculaires entre eux, et de ce que mx est perpendiculaire à am, il s'ensuit que la ligne xy est perpendiculaire au plan amp (*Introd.* 35). Par une raison analogue, la ligne xy est perpendiculaire au plan $a'nq$; donc les deux plans amp, $a'nq$ sont perpendiculaires à la droite xy, et par conséquent ils sont parallèles entre eux (*Introd.* 28).

Mais si les deux projections ab, $a'b'$, perpendiculaires à xy, rencontrent cette ligne au même point m (fig. 7), alors le plan ama' de ces droites est perpendiculaire aux deux plans xyz, xyu, à la fois; de sorte que toutes les droites situées dans ce plan ont pour projections ab et $a'b'$. Dans ce cas, pour achever de déterminer la droite, il faut donner sa projection $a''b''$ sur un nouveau plan sxt qui ne passe point par la ligne xy.

10. En général, *les projections d'une courbe quelconque sur deux plans qui se coupent, déterminent cette courbe.* En effet, abc et $a'b'c'$ (fig. 8) étant les projections de la courbe ABC sur les plans xyz et xyu, concevez des perpendiculaires à chacun de ces plans, par les différents points de ces deux projections : elles formeront deux surfaces cylindriques acCA, $a'c'$CA, qui doivent contenir la courbe ABC, et qui

par conséquent déterminent cette courbe par leur
intersection.

Si les surfaces cylindriques ne se coupent pas, c'est
que les projections données n'appartiennent pas à
une même ligne.

Quand la courbe ABC est plane, et que son plan
est perpendiculaire à xy, les deux cylindres projetants ne sont autre chose que ce plan lui-même, et la
courbe ABC n'est plus déterminée. Cette indétermi-
nation est analogue à celle qui a été remarquée pour
la ligne droite à la fin du numéro précédent, et on
y remédie de la même manière.

11. *Un plan est déterminé quand on connaît ses traces sur deux plans fixes qui se coupent*, c'est à dire
les droites suivant lesquelles il rencontre ces deux plans.

Cette proposition est déjà connue : car elle revient
à dire que deux droites qui se coupent déterminent
un plan.

Pour fixer la position d'un plan, on pourrait aussi
employer les projections de trois de ses points sur les
deux plans fixes ; mais ses traces sont d'un usage
plus commode. En général, un plan rencontre la ligne d'intersection des deux plans fixes ; et il est clair
que le point de rencontre α (fig. 9) doit appartenir
aux deux traces $a\alpha$, $a'\alpha$.

Si le plan est parallèle à xy (fig. 10), ses traces
seront aussi parallèles à xy (*Introd.* 26). S'il est perpendiculaire à xy, elles seront perpendiculaires à xy.

S'il est parallèle à l'un des deux plans, sa trace
sur l'autre plan sera parallèle à xy, et alors cette trace
suffit pour le déterminer. Enfin, si le plan dont il

s'agit passe par la ligne xy, ses deux traces se confondent avec cette ligne, laquelle ne suffit pas pour
le déterminer : alors il faut donner sa trace bx sur un
nouveau plan sxt (fig. 11).

12. Nous renvoyons ce qui concerne les surfaces
courbes à la seconde partie de ce traité. Ce qui précède suffit déjà pour montrer comment les données
de tous les problèmes, dans lesquels on considère
les trois dimensions de l'étendue, peuvent se représenter avec exactitude par des points et des lignes situés dans deux plans fixes qui se coupent, et qui ont
entre eux une inclinaison convenue.

Afin de réunir toutes les constructions sur un seul
dessin, on fait tourner l'un des deux plans, xyu
(fig. 12) par exemple, autour de son intersection
xy avec l'autre plan xyz, pour l'appliquer sur ce dernier, en xyu'. De cette manière les lignes tracées dans
le plan xyz n'ont pas changé ; mais, pour concevoir
nettement la position de celles qui sont dans l'autre
plan, il faut, par la pensée, remettre ce plan dans sa
vraie situation. Quant aux points situés hors de
ces plans, ils ne doivent point paraître dans les
figures.

13. Après le rabattement, les projections d'un
même point ont entre elles une liaison qu'il est très
important de remarquer. Soient (fig. 12) a et a' ces
projections avant le rabattement : on sait (8) que les
perpendiculaires abaissées de ces projections sur la
ligne xy vont tomber au même point p. Or, pendant
que le plan xyu tourne autour de xy, la droite pa' ne
cesse pas d'être perpendiculaire à xy ; donc, quand

le plan *xyu* s'appliquera en *xyu'* sur le plan *xyz*, la ligne *pa'* sera le prolongement *pa''* de *pa*.

De là ce théorème, d'un usage presque continuel, que *les projections d'un point sur deux plans sont situées sur une perpendiculaire à l'intersection de ces plans.*

14. Jusqu'ici on n'a fait aucune hypothèse sur l'angle des deux plans de projection. Mais afin de rendre les constructions plus simples, on prendra dans la suite ces plans perpendiculaires entre eux. L'usage établi est de considérer l'un d'eux comme *horizontal*, quoiqu'il puisse avoir telle position qu'on voudra, et l'autre comme *vertical*. Leur intersection est nommée *ligne de terre*.

Suivant qu'une droite est parallèle au plan horizontal, ou qu'elle lui est perpendiculaire, on dit qu'elle est *horizontale* ou *verticale*. C'est dans le même sens qu'on dit d'un plan qu'il est *horizontal*, ou qu'il est *vertical*. Il faut avoir un grand soin de ne pas se tromper dans l'emploi de ces dénominations. Ainsi, parce qu'une droite est parallèle au plan vertical, il ne s'ensuit pas qu'elle soit verticale ; à moins qu'elle ne soit en même temps perpendiculaire au plan horizontal.

Chaque projection, chaque trace de plan prend le nom du plan qui la renferme. Par exemple, les projections et les traces situées dans le plan vertical sont *des projections et des traces verticales.*

15. De ce que les plans de projection sont perpendiculaires entre eux, il résulte plusieurs conséquences,

1° *Si un point ou une ligne est dans l'un des deux plans, sa projection sur l'autre plan sera sur la ligne de terre.* En effet, les perpendiculaires qui déterminent cette projection sont toutes comprises dans le premier plan (*Introd.* 36).

° *Si une ligne est dans un plan parallèle à l'un des deux plans, sa projection sur l'autre plan sera une droite parallèle à la ligne de terre.* Par exemple, si une ligne est dans un plan horizontal, les perpendiculaires qui déterminent sa projection verticale sont renfermées dans ce plan horizontal; donc la projection verticale est l'intersection de ce plan avec le plan vertical de projection, laquelle est une droite parallèle à la ligne de terre (*Introd.* 29).

3° *Si un plan est perpendiculaire à l'un des plans de projection, sa trace sur l'autre plan sera perpendiculaire à la ligne de terre.* Par exemple, un plan vertical a pour trace verticale une perpendiculaire à la ligne de terre (*Introd.* 37).

4° *Les perpendiculaires menées à la ligne de terre, par les projections d'un point, sont égales aux distances de ce point aux deux plans de projection.* En effet, soit A (fig. 13) un point dont les projections sont a et a': de ce que les plans de projection sont à angle droit, il est facile de conclure que les intersections du plan aAa' avec ces plans déterminent un rectangle $Aapa'$, et que par suite on a $Aa = a'p$ et $Aa' = ap$.

Quand le plan vertical est rabattu sur le plan horizontal, on savait déjà (13) que la droite apa'', menée par les projections a et a'' d'un même point A, est perpendiculaire à la ligne de terre xy. Mais ici on voit de plus que la partie $a''p$ donne sur le champ l'élévation de ce point au dessus du plan horizontal, et que *ap* est sa distance au plan vertical.

16. Il n'a été question jusqu'à présent que d'une seule espèce de projections : de celles qui se font en abaissant des perpendiculaires sur un plan (3), et que pour cette raison on nomme *orthogonales*. Elles sont, à la vérité, celles dont l'usage est le plus commode et le plus étendu ; mais il en existe encore d'autres. Ainsi, en prenant des droites parallèles entre elles, et obliques à l'égard d'un plan, on aurait des *projections obliques* ; et en faisant partir toutes les droites d'un point unique, on aurait des *projections perspectives*.

En général, on peut imaginer telle loi qu'on voudra pour déterminer, sur une surface donnée, des points qui correspondent aux différents points de l'espace ; et les points ainsi déterminés pourront encore être désignés par le nom de projections. Mais il faut avoir soin de bien spécifier la projection dont on veut faire usage : autrement, il est toujours entendu qu'on emploie la projection orthogonale. Dans le cours de ce traité, on n'en considèrera point d'autre.

17. Maintenant, je vais exposer les solutions des problèmes principaux qu'on peut proposer sur la ligne droite et le plan. Le dessin qui contient toutes les constructions d'un problème se nomme ordinairement une EPURE. Les données et les résultats y seront toujours figurés par des lignes *pleines* ; et les lignes de construction, par des lignes *ponctuées* qu'on fera varier selon le besoin.

Pour rendre les explications faciles à suivre, j'aurai soin aussi de mettre une certaine uniformité dans

la notation. Les grandes lettres A, B, C,... désigne-
ront des *points de l'espace*, et paraîtront rarement
dans les épures. Les petites lettres *a*, *b*, *c*,... écrites
sans accents, seront affectées au plan horizontal ; et en
les accentuant, comme sont *a'*, *b'*, *c'*,..., elles seront
réservées au plan vertical. La ligne de terre sera toujours désignée par *xy* ; et le plus souvent les lettres
grecques α, β, γ,... indiqueront des points situés sur
cette ligne.

J'emploie aussi différentes abréviations consacrées
par l'usage. Le point [*a,a'*] est celui qui a pour projections *a* et *a'* ; la *ligne* [*ab,a'b'*], celle qui a pour
projections *ab* et *a'b'* ; et le *plan aαa'*, celui dont les
traces sont *a*α et α*a'*. Enfin, quand on dira qu'un
point, une ligne, ou un plan, sont donnés, il faudra
entendre qu'on connaît les projections du point,
celles de la ligne, ou les traces du plan. De même,
quand on proposera de déterminer un point, ou une
droite, ou un plan, ce seront les projections du point,
ou celles de la droite, ou les traces du plan, qu'il
s'agira de trouver.

Problèmes. Intersections des droites et des plans.

18. PROBLÈME I. *Les projections d'une droite étant
connues, trouver ses traces*, c'est à dire *les points où
la droite rencontre les plans de projection.*

La droite dans l'espace est l'intersection de ses
deux plans projetants (9). Or, le point de rencontre
des traces horizontales de ces deux plans est évidemment commun aux deux plans ; donc il est un des
points de la droite : et comme il est dans le plan horizontal, il est la trace horizontale de la droite. Un

raisonnement semblable prouve que l'intersection des traces verticales des deux plans projetants est la trace verticale de la droite.

Soient *ab* et *a'b'* (Prob. prem. part. fig. I-1) les deux projections données, qui rencontrent la ligne de terre *xy* en *a* et *b'*. Le plan vertical élevé suivant *ab* est un plan projetant de la droite (6) : sa trace horizontale est *ab*, et sa trace verticale est une droite, telle que *av*, perpendiculaire à *xy* (15. 3°). L'autre plan projetant a pour trace verticale la droite *a'b'*, et pour trace horizontale la droite *b'h* perpendiculaire à *xy*. Le point *h* où se coupent les traces horizontales, et le point *v* où se coupent les traces verticales, sont donc des points de la droite située dans l'espace ; et puisqu'ils appartiennent aux plans de projection, ils sont les traces mêmes de cette droite.

Ce qui précède se résume dans cette règle générale. Pour connaître la trace horizontale d'une droite, prolongez sa projection verticale jusqu'à la ligne de terre, et par le point de rencontre menez dans le plan horizontal une perpendiculaire à la ligne de terre : elle ira couper la projection horizontale de la droite au point cherché. Pareillement, pour avoir la trace verticale de la droite, prolongez sa projection horizontale jusqu'à la ligne de terre, et, au point d'intersection, élevez dans le plan vertical une perpendiculaire à la ligne de terre, cette perpendiculaire coupera la projection verticale de la droite au point demandé.

Remarques. En changeant les projections *ab* et *a'b'*, les traces *h* et *v* peuvent prendre une infinité de positions différentes. Nous remarquerons ici quatre cas principaux.

Dans la fig. I-1, la trace horizontale *h* est au devant de la ligne de terre, et la trace verticale *v* est au dessus.

Dans la fig. I-2, la trace horizontale *h* est encore devant la ligne de terre ; mais la trace verticale *v* est sur la partie inférieure du plan vertical.

Dans la fig. I-3, c'est le contraire : la trace horizontale *h* est derrière la ligne de terre, et la trace verticale *v* au dessus.

Enfin, la fig. I-4 représente le cas où la trace horizontale *h* est sur la partie postérieure du plan horizontal, et la trace verticale *v* sur la partie inférieure du plan vertical.

19. PROBLÈME II. *Les traces de deux plans étant connues, construire les projections de leur intersection.*

Soit *m* (fig. II-1) l'intersection des traces horizontales, et *n'* celle des traces verticales. Ces points sont communs aux deux plans, et la droite qui les joint dans l'espace est évidemment l'intersection de ces plans. Le point *m* étant sur le plan horizontal, il est lui-même sa projection horizontale, et, en abaissant *mm'* perpendiculaire à *xy*, sa projection verticale sera *m'*. Pareillement, le point *n'* est lui-même sa projection verticale, et sa projection horizontale *n* se trouve en menant la perpendiculaire *n'n* à *xy*. Donc, en tirant les droites *mn* et *m'n'*, on aura les projections de l'intersection demandée.

Cas particuliers. 1° Quand l'un des plans donnés

a une de ses traces perpendiculaire à la ligne de terre, la trace horizontale par exemple, ce plan doit être perpendiculaire au plan vertical, et par conséquent sa trace verticale est la projection verticale de son intersection avec l'autre plan donné. Du reste la construction est la même.

2° Supposons que, sur un plan de projection, les traces des deux plans donnés soient parallèles entre elles; par exemple, que ce soient les traces horizontales (fig. II-2). L'intersection des deux plans sera parallèle à ces traces (*Introd.* 23); donc la projection horizontale *mn* de cette intersection leur est aussi parallèle (*Introd.* 26), et sa projection verticale *m'n'* est parallèle à la ligne de terre. Ce cas n'a aucune difficulté.

3° Considérons le cas où les deux plans donnés rencontrent la ligne de terre *xy* au même point. Tels sont les plans *apa'* et *bpb'* (fig. II-3). Alors la construction générale étant en défaut, on peut couper ces plans par un plan quelconque, et chercher, comme plus haut, les projections des deux droites d'intersection. Les points où ces projections se rencontreront seront les projections d'un point commun aux deux plans donnés; et comme le point *p* où ces plans rencontrent la ligne de terre leur est commun aussi, il s'ensuit que les projections de leur intersection sont complètement déterminées.

Assez ordinairement on prend le plan auxiliaire perpendiculaire à la ligne de terre : on le considère alors comme un nouveau plan de projection sur lequel on cherche les traces des plans donnés, et de cette manière on ramène la construction à celle du

cas général. Cette solution est celle qui est développée dans la figure.

Les traces du plan auxiliaire y sont représentées par les droites $\beta\alpha$, $\beta\alpha'$, perpendiculaires à xy; elles rencontrent les traces du plan $\alpha p\alpha'$ en a et a'; et, si on conçoit pour un moment le plan vertical de projection rétabli perpendiculaire au plan horizontal, la droite qui joindrait a et a' serait la trace du plan sur le plan auxiliaire. Faisons tourner ce dernier plan autour de $\beta\alpha$ pour l'appliquer sur le plan horizontal, le point a ne changera pas, la ligne $\beta\alpha'$ se placera sur βy, et le point a' se portera à la distance $\beta a'' = \beta a'$; par conséquent la droite qui unit dans l'espace a et a' sera rabattue en aa''.

On trouve de la même manière, sur le plan auxiliaire, la trace bb'' de l'autre plan donné; le point d où elle coupe aa'' est commun aux deux plans; et il n'y a plus qu'à déterminer les projections de ce point sur les plans primitifs.

Or, si on abaisse dm perpendiculaire sur $\beta\alpha$, sa projection horizontale sera m; et si ensuite on mène $d\alpha'$ perpendiculaire sur βy, et qu'on ramène $\beta d'$ en $\beta m'$ sur $\beta\alpha'$, sa projection verticale sera m'. Donc les projections de l'intersection cherchée seront les droites pm et pm'.

4° Enfin, soit le cas où les plans donnés sont parallèles à la ligne de terre (fig. II-4). Alors leurs traces sont parallèles à cette ligne (*Introd.* 26); leur intersection l'est aussi, et la construction générale est encore en défaut. Mais on remédie à cet inconvénient au moyen d'un plan auxiliaire, tout à fait comme

dans le cas précédeut. Dans la figure, ce plan a été pris oblique à la ligne de terre : on aurait pu aussi le prendre perpendiculaire à cette ligne.

20. Problème III. *Trouver l'intersection d'une droite et d'un plan.*

Le moyen de solution consiste à mener par la droite un plan quelconque, à chercher la droite suivant laquelle il coupe le plan donné, et à déterminer le point de rencontre des deux droites.

La construction est fort simple, quand le plan auxiliaire est perpendiculaire à l'un des plans de projection. Soient (fig. III-1) αa, $\alpha a'$ les traces du plan donné, et bc, $b'c'$ les projections de la droite. Prenons pour plan auxiliaire le plan vertical qui contient la droite : sa trace horizontale sera bc, et sa trace verticale sera mm' perpendiculaire à xy. Soient d et m' les points où ces traces rencontrent celles du plan donné : abaissez dd' perpendiculaire à xy, et en tirant $m'd'$ vous aurez la projection verticale de l'intersection des deux plans. La projection verticale du point cherché doit donc être sur $m'd'$. Or elle doit être aussi sur la projection verticale $b'c'$ de la droite donnée ; donc elle est à la rencontre o' de ces deux droites. On conclut ensuite la projection horizontale o du point cherché en menant sur xy la perpendiculaire $o'o$, qui va couper en o la projection horizontale bc de la droite donnée.

On peut aussi obtenir directement le point o, comme on a trouvé o', en prenant le plan auxiliaire perpendiculaire au plan vertical. Les traces de ce plan auxiliaire sont $n'n$ et $n'b'$, et elles coupent en n

4

et en *e'* celles du plan donné. On abaisse donc *e'e* perpendiculaire à *xy*, puis on mène *en* qui doit rencontrer *bm* au point cherché *o*.

La fig. III–2 représente les constructions qu'il faut exécuter quand le plan auxiliaire, qu'on mène par la droite donnée, a une position quelconque. Pour qu'il contienne cette droite, il faut que ses traces passent par celles de la droite. En conséquence, je détermine d'abord (18) les traces *n* et *m'* de la droite donnée [*bc*, *b'c'*]; puis, par ces traces et par un point *β* pris à volonté sur *xy*, je mène les lignes *βp* et *βp'*. On est assuré que la droite donnée est dans le plan *pβp'*, puisqu'elle y a deux points.

Cela fait, on détermine (19) la droite d'intersection des deux plans : c'est à dire que par les points *d* et *e'*, où se coupent les traces de ces plans, on mène des perpendiculaires *dd'* et *e'e* sur *xy*; qu'ensuite on tire les droites *de* et *d'e'*; et que ces droites sont les projections de l'intersection des deux plans. Or, les projections du point cherché doivent être sur ces projections, et aussi sur celles de la droite donnée [*bc*, *b'c'*]; donc les projections de ce point sont déterminées. La projection horizontale est en *o*, et la projection verticale en *o'*, par conséquent la droite *oo'*, qui joint ces projections, doit être perpendiculaire à *xy*.

Cas particulier. Nous ne remarquerons qu'un seul cas particulier : celui où la droite donnée est perpendiculaire à l'un des plans de projection; par exemple, au plan horizontal (fig. III-3). Sa projection sur ce plan sera un point unique *o*, lequel suffit pour déterminer la droite; et quant à sa projection verticale

$o'o''$, elle est perpendiculaire à xy. Ici le plan auxiliaire cdd' doit être vertical, et par conséquent sa
trace verticale dd' est aussi perpendiculaire à xy ; mais
sa trace horizontale n'est assujettie qu'à la seule condition de passer au point o. La construction reste
d'ailleurs la même que dans le cas général. La projection verticale du point cherché est marquée en o',
et la projection horizontale en o.

On peut modifier la construction en prenant la
trace horizontale du plan auxiliaire telle qu'est oe,
parallèle à la trace horizontale $a\alpha$ du plan donné ; ou
bien telle qu'est of, parallèle à la ligne de terre. Dans
le premier cas, l'intersection des deux plans sera aussi
parallèle à $a\alpha$ (*Introd.* 23), et sa projection verticale
$e'o'$ sera parallèle à xy. Dans le second cas, l'intersection des plans sera parallèle à $a\alpha'$, et par suite la
projection verticale $f'o'$ le sera aussi.

Dans le cas particulier qu'on vient d'examiner, on
peut considérer le point o comme la projection horizontale d'un point situé dans le plan donné $a\alpha a'$, et
il est clair que ce dernier point doit être l'intersection
du plan $a\alpha a'$ avec la verticale élevée en o. On voit
ainsi que la construction précédente servira à résoudre cette question : *Étant donné l'une des projections
d'un point situé dans un plan, trouver l'autre projection.*

21. PROBLÈME IV. *Déterminer le point d'intersection
de trois plans donnés.*

Les plans, pris deux à deux, déterminent trois
droites qui passent au point demandé. En conséquence on cherche, par le problème II, les projections de ces droites ; et, quand les constructions sont

exactes, les trois projections horizontales se coupent
en un même point, qui est la projection horizontale
du point demandé; les trois projections verticales se
coupent aussi en un même point qui est la projection
verticale de ce point; et enfin la droite qui passe par
ces deux projections est perpendiculaire à la ligne
de terre.

Dans la figure IV, les projections horizontales des
intersections des trois plans, pris deux à deux, sont
ad, bf, ce; les projections verticales sont $a'd'$, $b'f'$, $c'e'$;
et le point cherché a pour projections *o* et *o'*.

Droites et plans déterminés par diverses conditions.

22. Problème V. *Connaissant les projections de
deux points, trouver les projections et la vraie grandeur de la droite qui joint ces deux points.*

Soient (fig. V) *a* et *a'*, *b* et *b'*, les projections de
deux points A et B. Il est clair qu'en menant les droites *ab* et *a'b'*, on a les projections de la droite AB qui
joint ces deux points dans l'espace. Pour en avoir la
vraie grandeur, rappelons d'abord que les lignes
aa' et *bb'* sont perpendiculaires à la ligne de terre,
et que les parties *ra'* et *sb'* sont égales aux distances
des points A et B au plan horizontal (15. 4°). Cela
posé, concevons en *a* et *b* deux verticales, l'une égale
à *ra'* et l'autre à *sb'* : les sommets de ces verticales ne
sont autre chose que les points A et B, et la droite
qui les unit est la distance cherchée, qu'il s'agit de
construire en vraie grandeur, avec les données de
la figure.

Les deux verticales étant perpendiculaires à *ab* et
situées dans un même plan, il s'ensuit que si on ima-

gine par le point B une parallèle à *ab*, terminée à
l'autre verticale, on formera un triangle rectangle qui
aura pour base cette parallèle égale à *ab*, pour hauteur la différence des deux verticales, et pour hypoténuse la distance cherchée AB. Or, ce triangle est
facile à construire : car il suffit de mener, parallèlement à *xy*, la droite *b'm* qui rencontre *ra'* en *m*, de
prendre *mn* = *ab*, et de tirer *a'n*. Il est évident que
a'n est la distance cherchée.

On peut arriver à la même construction de cette
autre manière. Quand une droite est parallèle à un
des plans de projection, elle se projette sur ce plan
en vraie grandeur : concevons donc que, sur *ab*, un
plan vertical soit élevé, lequel contiendra né-
cessairement la droite AB; puis faisons-le tourner
autour de la verticale élevée en *a*, et amenons-le à
être parallèle au plan vertical de projection. Pendant cette rotation, la ligne *ab* tourne autour du point
a, sans quitter le plan horizontal, et vient prendre la
position de *ac*, ligne égale à *ab* et parallèle à *xy*.
Alors le point B se trouve projeté horizontalement
en *c*; et comme il n'a point changé de hauteur, sa
projection verticale doit être à la même distance de
la ligne de terre : par conséquent elle sera en *n*, à
l'intersection des droites *cn* et *b'n*, l'une perpendiculaire à *xy*, et l'autre parallèle à *xy*. Ainsi, *a'n* sera
la projection verticale de la droite AB, après qu'elle
est devenue parallèle au plan vertical; donc *a'n* est
la vraie grandeur de cette droite. Cette construction
revient à prendre *mn* = *ac* = *ab*, comme dans la
précédénte.

On peut encore considérer que la droite AB, correspondante aux projections données *ab* et *a'b'*, appartient à un trapèze dont les côtés parallèles sont perpendiculaires à *ab*, et égaux respectivement à *ra'* et *sb'* ; et que, si ce trapèze tourne autour de *ab* pour s'appliquer sur le plan horizontal, la droite AB elle-même s'y placera en vraie grandeur. En conséquence, perpendiculairement à *ab*, on prendra *af* = *ra'*, *bg* = *sb'* ; et cette vraie grandeur sera *fg*.

Enfin, on remarquera que toutes les constructions qu'on effectue sur le plan vertical peuvent l'être également sur le plan horizontal, et réciproquement.

23. PROBLÈME VI. *Connaissant les projections d'une droite et d'un point, trouver celles d'une parallèle menée à cette droite par ce point.*

Soient *ab* et *a'b'* (fig. VI) les projections de la droite, *c* et *c'* celles du point ; menez *cd* parallèle à *ab*, et *c'd'* parallèle à *a'b'* : vous aurez ainsi les projections de la parallèle demandée.

Pour légitimer cette construction, il faut démontrer que deux droites étant parallèles, leurs projections sur un plan quelconque le sont aussi. Et, en effet, d'après une proposition connue (*Introd.* 38), les plans projetants de ces parallèles sont parallèles entre eux. Dès lors leurs intersections avec le plan de projection, ou, en d'autres termes, les projections des deux droites parallèles sont aussi parallèles entre elles.

24. PROBLÈME VII. *Les traces d'un plan étant données, ainsi que l'une des projections d'une droite située dans ce plan, trouver l'autre projection.*

Supposons qu'on donne la projection horizontale

de la droite, et concevons qu'un plan vertical soit
élevé par cette projection : son intersection avec le
plan donné sera la droite dont il faut trouver la projection verticale, ce qui revient au problème II (19).

Soit $a\alpha a'$ (fig. VII) le plan donné, et bc la projection donnée. Le plan vertical élevé suivant bc a pour
trace verticale une perpendiculaire cc' à xy ; et les
points b et c', où se coupent les traces des deux plans,
sont des points de la droite qui a pour projection bc.
Or, le point b étant dans le plan horizontal, sa projection verticale sera sur xy, au pied de la perpendiculaire bb', et le point c', étant dans le plan vertical,
est lui-même sa projection verticale ; donc la droite
$b'c'$ est la projection verticale demandée.

25. PROBLÈME VIII. *Par un point donné, mener un
plan parallèle à un plan donné.*

Soient a, a' (fig. VIII-1) les projections du point
donné, et βb, $\beta b'$ les traces du plan donné. Les intersections de deux plans parallèles par un plan quelconque sont parallèles entre elles ; donc déjà on sait
que les traces du plan cherché sont parallèles à
celles du plan donné.

Par le point donné $[a, a']$, et dans le plan cherché
concevons une droite parallèle à la trace horizontale
de ce plan ; elle sera aussi parallèle à βb, et dès lors
ses projections sont faciles à construire : car sa projection horizontale ad doit passer au point a et être
parallèle à βb, tandis que sa projection verticale $a'd'$
doit passer au point a' et être parallèle à xy. Soit
d' la trace verticale de cette droite ; elle devra être
sur la trace verticale du plan demandé : donc, si par

ce point on mène d'c' parallèle à βb', on aura la trace verticale du plan cherché. Pour avoir sa trace horizontale, on prolonge la trace verticale jusqu'au point γ où elle rencontre xy, et on mène γc parallèle à βb.

Si l'on veut avoir une vérification, on peut chercher directement un point de la trace horizontale, comme on en a trouvé un de la trace verticale; c'est à dire qu'on mènera par le point donné une parallèle à βb', laquelle a pour projections ae et a'e'; qu'on déterminera le point e où elle perce le plan horizontal, et que ce point appartiendra à la trace horizontale du plan demandé.

Autre solution. On peut résoudre ce problème d'une manière plus générale, en menant dans le plan donné une droite quelconque, et par le point donné une parallèle à cette droite. Cette parallèle devra être tout entière dans le plan cherché : par suite les intersections de cette parallèle avec les plans de projection feront connaître un point de chacune des traces du plan cherché; et comme les traces de ce plan doivent être parallèles à celles du plan donné, elles seront faciles à construire. Il y aura une vérification, résultant de ce que les deux traces doivent rencontrer la ligne de terre au même point.

Soient encore a,a' (fig. VIII-2) les projections du point donné, et βb, βb' les traces du plan. Je prends à volonté sur ces traces les points m et n', et j'abaisse les perpendiculaires mm', n'n, sur la ligne xy. Le point m' est la projection verticale du point m; le point n est la projection horizontale du point n'; et par suite les droites mn, m'n' sont les projections d'une droite située dans le plan bβb', puisqu'elle y a

deux points *m* et *n'*. Pour avoir les projections d'une
droite parallèle à cette ligne et passant au point
donné, je mène *ap* et *a'p'* respectivement parallèles à
mn et à *m'n'*. Alors je cherche les traces *p* et *q'* de
cette parallèle, puis je mène les droites *pγ* et *q'γ* respectivement parallèles à *βb* et *βb'*. Ces droites sont
les traces du plan cherché, et elles doivent aller
couper la ligne de terre au même point *γ*.

26. PROBLÈME IX. *Faire passer un plan par trois
points donnés.*

Cet énoncé signifie que l'on connaît les projections
de trois points, et qu'on veut trouver les traces du
plan qui passe par ces points. A cet effet, on mène
des droites par les points donnés, pris deux à deux.
Comme ces droites sont tout entières dans le plan
cherché, on détermine les points où elles rencontrent
les plans de projection, et on a ainsi trois points de
chaque trace du plan. Si les constructions sont faites
avec précision, les trois points de chaque trace seront en ligne droite, et de plus les deux traces couperont la ligne de terre au même point.

Dans la fig. IX, les projections du triangle formé
avec les trois points donnés sont représentées par
abc et *a'b'c'*; le côté [*ab*, *a'b'*] rencontre les plans de
projection en *h* et *v*; le côté [*ac*, *a'c'*] en *h'* et *v'*; et le
côté [*bc*, *b'c'*] en *h"* et *v"*. En conséquence, la trace
horizontale du plan cherché passe aux points *h*, *h'*, *h"*;
la trace verticale aux points *v*, *v'*, *v"*; et ces deux
traces doivent couper la ligne *xy* au même point *t*.

Remarque. Dans des cas particuliers, il peut se
faire que la droite qui unit deux des points donnés

soit parallèle à l'un des plans de projection, au plan
vertical par exemple. Alors le point où elle perce ce
plan doit être considéré comme situé à l'infini, et il
ne peut plus servir dans la construction. Mais aussi
faut-il alors remarquer que la trace verticale du plan
cherché doit être parallèle à la droite dont il s'agit,
ou, ce qui est la même chose, à sa projection verticale.

27. PROBLÈME X. *Par un point et par une droite
donnés faire passer un plan.*

Si par le point donné on mène une parallèle à
la droite donnée, elle sera comprise dans le plan
cherché : c'est pourquoi l'on déterminera les traces
de ces deux lignes ; on mènera une droite par les
deux traces horizontales, une autre par les deux
traces verticales ; et alors on connaîtra les traces du
plan cherché, lesquelles doivent croiser la ligne de
terre au même point.

Dans la fig. X, les projections du point donné
sont *a* et *a'*, celles de la droite donnée sont *bc* et *b'c'*,
et celles de la parallèle à cette droite sont *ad, a'd'*. Ces
deux lignes ont pour traces horizontales les points
c et *e*, pour traces verticales les points *b'* et *d'* ; et
par suite les droits *ce* et *b'd'* sont les traces du plan
cherché.

Remarque. Au lieu d'une parallèle à la ligne
donnée, on pourrait employer une droite passant par
un point quelconque de cette ligne et par le point
donné. Il faut alors se procurer les projections d'un
point appartenant à la ligne [*bc, b'c'*] ; et pour cela
il suffit de prendre sur *bc* et *b'c'* deux points qui

soient placés sur une même perpendiculaire à xy (15. 4°). On joint ces deux points respectivement avec a et a', et du reste la construction s'achève comme plus haut.

28. PROBLÈME XI. *Par une droite dônnée faire passer un plan parallèle à une droite donnée.*

On prendra (fig. XI) un point quelconque [f, f'] sur la première droite [ab, $a'b'$], et par ce point on mènera une parallèle à la seconde [cd, $c'd'$]. Le plan demandé doit contenir cette parallèle et la première droite, de sorte qu'il suffit de déterminer les traces de ces deux lignes pour connaître deux points de chacune des traces du plan. La construction est trop facile à suivre sur la figure pour qu'il soit nécessaire de la développer davantage.

29. PROBLÈME XII. *Par un point donné mener un plan parallèle à deux droites données.*

Par le point donné on mène des parallèles aux deux droites données ; on détermine les intersections de ces parallèles avec les plans de projection, et on a ainsi deux points de chaque trace du plan demandé. Voyez la figure XII.

30. PROBLÈME XIII. *Trouver une droite qui passe par un point donné, et qui rencontre deux droites données.*

Première solution (fig. XIII-1). Construisez les traces d'un premier plan, passant par le point et par l'une des droites (27); construisez aussi les traces d'un second plan passant par le même point et par l'autre droite : la ligne demandée devant être dans ces deux plans à la fois, ne sera autre que leur intersection, et dès lors elle est facile à déterminer (19).

Soient *a* et *a'* les projections du point donné, et soient *bc* et *b'c'*, *de* et *d'e'* celles des droites. En effectuant les constructions qu'on vient d'indiquer, on trouve que les traces du premier plan sont *bα* et *αc'*; que celles du second sont *dβ* et *βe'*; et que l'intersection des deux plans a pour projections *gf* et *g'f'*. C'est cette intersection qui est la ligne cherchée.

Trois vérifications sont à remarquer : 1° cette intersection doit passer au point donné ; 2° elle doit rencontrer la première droite donnée ; 3° elle doit rencontrer aussi la seconde.

Seconde solution (fig. XIII-2). On détermine le plan *dβe'*, qui passe par le point donné [*a*, *a'*] et par la droite donnée [*de*, *d'e'*] ; on cherche, au moyen de la construction ordinaire (20), l'intersection [*f*, *f'*] de ce plan avec l'autre droite donnée [*bc*, *b'c'*] ; puis on joint cette intersection avec le point donné. On a ainsi la droite demandée, qui devra, en général, rencontrer la première droite.

Troisième solution (fig. XIII-3). Prenez à volonté les deux points [*m*, *m'*] et [*n*, *n'*] sur la ligne donnée [*de*, *d'e'*] ; imaginez deux droites passant respectivement par ces points et par le point donné [*a*, *a'*] ; puis déterminez les points [*p*, *p'*] et [*q*, *q'*] où elles rencontrent le plan vertical élevé sur *bc*, lequel contient évidemment l'autre droite donnée. Cette seconde droite rencontre la droite [*pq*, *p'q'*] qui passe par les deux points ainsi déterminés, en un point [*f*, *f'*] ; et il est clair qu'en joignant ce point au point donné [*a*, *a'*], on a une droite [*af*, *a'f'*] qui est située dans un même plan avec la première des droites données, et qui par conséquent doit la rencontrer. Cette droite, passant au point donné et rencontrant les deux droites données, est la ligne demandée.

Droites et plans perpendiculaires.

31. Problème XIV. *Abaisser d'un point donné une perpendiculaire sur un plan, et déterminer ensuite le pied et la vraie grandeur de cette perpendiculaire.*

Démontrons d'abord que les projections de la perpendiculaire sont perpendiculaires aux traces du plan donné. Le plan qui projette cette ligne sur le plan horizontal est perpendiculaire à la fois au plan horizontal et au plan donné (*Introd.* 35) : donc, réciproquement, ceux-ci sont perpendiculaires à ce plan projetant, et par conséquent leur intersection l'est aussi (*Introd.* 37). Or, cette intersection est la trace horizontale du plan donné; donc cette trace est perpendiculaire aux lignes situées dans le plan projetant; donc elle l'est à la projection horizontale de la perpendiculaire. Même raisonnement à l'égard de la projection verticale.

Cela posé, par les projections a et a' du point donné (fig. XIV), menons ab, $a'b'$ respectivement perpendiculaires aux traces am, am' du plan donné; il est clair qu'on aura ainsi les projections de la perpendiculaire demandée. Par une construction connue (20), on détermine les projections b et b' du pied de cette perpendiculaire, c'est à dire du point où elle rencontre le plan donné. Enfin, par une construction également connue (22), on en trouve la vraie longueur $a'c$.

32. PROBLÈME XV. *Par un point mener un plan et une droite perpendiculaires à une droite donnée.*

Cherchons d'abord les traces du plan perpendiculaire à la droite donnée. D'après le numéro précédent, elles doivent être perpendiculaires aux projections de cette droite; par conséquent il suffira d'avoir un point de l'une de ces traces pour les connaître toutes deux. Soient a, a' (fig. XV) les projections d'un point donné, et bc, $b'c'$ celles d'une droite donnée. Par le point [a, a'], imaginez une horizontale parallèle à la trace horizontale du plan cherché : sa projection horizontale devant être parallèle à cette trace, sera perpendiculaire à la projection horizontale, bc, de la droite donnée, et dès lors cette projection est une ligne connue ad. Quant à la projection verticale de cette horizontale, ce sera une droite $a'd'$ parallèle à xy. Or, cette horizontale est tout entière dans le plan demandé; donc on aura un point de la trace verticale de ce plan en cherchant la rencontre d' de cette horizontale avec le plan vertical. Alors on mène, par ce point, la droite $\alpha m'$ perpendiculaire à $b'c'$; puis on mène αm perpendiculaire à bc : le plan cherché est $m\alpha m'$.

Il faut encore trouver les projections de la perpendiculaire abaissée, du point donné, sur la droite donnée. A cet effet, on cherchera les projections, p et p', de l'intersection de cette droite avec le plan $m\alpha m'$; puis on mènera les droites ap et $a'p'$: ces droites seront les projections demandées.

Remarque. On aurait pu présenter la construction du plan perpendiculaire $m\alpha m'$ d'une autre manière, comme il suit. D'un point quelconque de la ligne de

terre abaissez des perpendiculaires sur les projections
de la droite donnée; elles seront les traces d'un plan
perpendiculaire à cette droite, et alors il ne s'agira
plus que de faire passer par le point donné un plan
parallèle à un plan, problème déjà résolu (25).

Angles des droites et des plans.

33. PROBLÈME XVI. *Etant donné les projections
d'une droite, trouver les angles qu'elle fait avec les
plans de projection.*

Si d'un point pris sur une oblique à un plan, on
abaisse une perpendiculaire sur ce plan, et si on tire
une droite du pied de l'oblique à celui de la perpendiculaire, c'est l'angle compris entre cette droite et
l'oblique, qui mesure l'inclinaison de l'oblique par
rapport au plan (*Introd.* 18). C'est à dire, en d'autres
termes, que l'inclinaison d'une droite à l'égard d'un
plan se mesure par l'angle qu'elle fait avec sa projection sur ce plan.

Soient donc (fig. XVI) ab et $a'b'$ les projections
d'une droite : je vais construire d'abord l'angle de
cette droite avec sa projection horizontale. A cet
effet, je détermine les traces a et b' de la droite, puis
je fais tourner le plan abb' autour de bb' pour le rabattre sur le plan vertical. Dans ce mouvement la ligne ab ne change pas de grandeur; et comme elle
reste toujours perpendiculaire à bb', elle prendra
une position telle que bm sur xy. En même temps,
la droite qui joint, dans l'espace, les points a et b' se
place en $b'm$, et par suite l'angle cherché se rabat en
vraie grandeur sur l'angle $b'mb$.

On pourrait aussi obtenir cet angle dans le plan

horizontal, en faisant tourner le plan *abb'* autour de
ab : alors la verticale *bb'* se placerait sur une perpendiculaire à *ab*, comme est *nb*, et l'angle cherché serait*nab*.

Quant à l'angle de la droite avec le plan vertical,
on le construit d'une manière analogue. C'est *apa'* sur
le plan horizontal, ou *qb'a'* sur le plan vertical.

Quand les points *a* et *b'* sont très éloignés, voici
comment on peut en éluder l'emploi. Prenez deux
points quelconque sur la droite, et soient *c* et *c'*, *d* et
d', les projections de ces points. Pour avoir l'inclinaison de la droite sur le plan horizontal, imaginez par
le point [*d*,*d'*] une parallèle à *ab*, et cherchez l'angle
qu'elle fait avec la droite. Pour cela, il suffit de faire
tourner le plan vertical qui contient cet angle autour
de la verticale élevée en *c*, afin de l'amener à être
parallèle au plan vertical de projection. Alors l'angle
cherché se projette, sur ce plan, suivant sa vraie grandeur *c'rs*. On trouverait de la même manière l'angle
de la droite avec le plan vertical.

34. PROBLÈME XVII. *Connaissant les traces d'un
plan, trouver les angles de ce plan avec chaque plan de
projection, ainsi que l'angle des deux traces.*

Soient *qp* et *qr* (fig. XVII) les traces d'un plan :
cherchons l'angle qu'il fait avec le plan horizontal.
En général, l'angle de deux plans est mesuré par celui
que forment entre elles deux perpendiculaires élevées, dans chacun de ces plans, au même point de
leur insersection commune (*Introd.* 40). En conséquence, dans le plan horizontal je mène *ab* perpendiculaire à la trace *pq*, et dans le plan vertical j'élève

bc perpendiculaire à la ligne de terre : la droite qui joint, dans l'espace, les points *a* et *c*, est dans le plan donné, et d'après un théorème connu elle est perpendiculaire à *pq* (*Introd.* 19). Ainsi, l'angle qu'elle fait avec *ab* est celui qu'il s'agit de construire.

Cet angle fait partie d'un triangle rectangle dont *ab* est la base, dont *bc* est la hauteur, et qu'il est facile de rabattre sur l'un des plans de projection. Pour le rabattre sur le plan vertical, on le fait tourner autour de *bc* : alors on prend, sur la ligne de terre, *b*A = *ba*, et l'angle cherché est *c*A*b*. Pour le rabattre sur le plan horizontal, on élèverait à *ab* la perpendiculaire *b*C égale à *bc*, et l'angle cherché serait C*ab*.

L'angle du plan donné avec le plan vertical se construit de la même manière. On mène *bd* perpendiculaire à la trace *qr*, et *be* perpendiculaire à *xy*. La droite qui, dans l'espace, unit les points *d* et *e*, fait avec *db* l'angle demandé, et on peut rabattre cet angle soit sur le plan horizontal, et ce serait *e*D*b*, soit sur le plan vertical, et alors ce serait E*db*.

Il reste encore à connaître l'angle des deux traces, et c'est à quoi l'on parvient au moyen d'un nouveau rabattement. J'ai dit plus haut que la droite menée, dans l'espace, entre les points *a* et *c*, est perpendiculaire à *pq*; et de là il résulte que, si le plan donné *pqr* tourne autour de sa trace *pq* pour s'appliquer sur le plan horizontal, cette droite viendra se diriger suivant *ac'* perpendiculaire à *pq*. D'ailleurs, la distance *cq* ne change pas : donc le point *c* ira se placer à l'intersection *c'*, de la droite *ac'* et de la circonférence décrite du centre *q* avec le rayon *cq*. Par suite, la trace *qr* coïncidera avec la droite *qs* menée par les points q et c'; et l'angle des deux traces sera pqs. Re-marquez qu'on doit avoir $ac' = aC = cA$.

35. Problème XVIII. *Construire l'angle de deux droites dont on connaît les projections.*

Quand les deux droites ne se coupent pas, on en est averti parce que le point de rencontre de leurs projections horizontales et celui de leurs projections verticales ne sont pas sur une même perpendiculaire à la ligne de terre (13). Alors on leur mène des pa-rallèles par un point quelconque et c'est l'angle de ces parallèles qu'on prend pour celui des droites données.

Soient (fig. XVIII-1) a et a', ab et $a'b'$, ac et $a'c'$, les projections de ce point et des deux parallèles. Dé-terminez les points de rencontre b et c de ces deux lignes avec le plan horizontal, et tirez bc. On pourra considérer cette droite comme la base d'un triangle dont le sommet est projeté en a et a' : c'est l'angle opposé à cette base qu'il faut trouver, et pour cela il suffit de construire le triangle.

A cet effet, j'abaisse ad perpendiculaire sur bc, et j'imagine qu'une droite soit menée du point d au sommet $[a, a']$. En vertu d'un théorème connu (*In-trod.* 19), elle sera perpendiculaire à bc; de sorte que, si le triangle tourne sur sa base bc pour s'appliquer sur le plan horizontal, cette perpendiculaire ira se pla-cer dans la direction de da. Il ne reste donc plus qu'à trouver la vraie longueur de cette perpendiculaire. Or, il est évident qu'elle est l'hypoténuse d'un trian-gle rectangle dont les côtés sont égaux à ad et am; par conséquent, sur xy on prendra $md = ad$, et $a'd'$ sera cette hypoténuse. On la portera de d en A, et on mènera les droites bA, cA. Alors le triangle est construit, et l'angle cherché est bAc.

Pour construire le triangle on s'est servi de sa hauteur : on aurait pu aussi employer les côtés. Les projections horizontales de ces côtés sont ab et ac, les projections verticales sont $a'b'$ et $a'c'$; donc, pour avoir leurs vraies longueurs, on prendra $mb'' = ab$, $mc'' = ac$, puis on tirera les hypoténuses $a'b''$, $a'c''$. Alors on décrira deux arcs, l'un du centre b avec un rayon égal à $a'b''$, et l'autre, du centre c avec un rayon égal à $a'c''$: l'intersection de ces deux arcs détermine le sommet A, et par suite l'angle bAc.

Cas particuliers. 1° La construction générale suppose que les deux côtés de l'angle rencontrent le plan horizontal. Supposons (fig. XVIII-2) que l'un d'eux, celui dont les projections sont ac et $a'c'$, soit parallèle à ce plan. Dans ce cas la trace horizontale bf du plan qui contient l'angle est parallèle à ac. Du reste, on peut encore rabattre cet angle sur le plan horizontal au moyen de la perpendiculaire ad. La seule différence qu'il y ait avec la construction générale, c'est que le côté horizontal doit rester parallèle à bf, et prendre une position telle que AC. Si les deux droites données étaient parallèles au plan horizontal, il est évident que leurs projections sur ce plan formeraient un angle égal à celui des droites elles-mêmes.

2° La construction générale suppose aussi que le sommet de l'angle est hors du plan horizontal. S'il n'en est pas ainsi, on peut mener, par un point pris sur l'un des côtés de l'angle, une parallèle à l'autre côté : l'angle que cette parallèle forme avec le premier côté est égal à l'angle cherché, et se détermine sans difficulté. Le cas dont il s'agit est développé dans la fig. XVIII-3. Les droites dont on cherche l'angle ont pour projections ab et $a'b'$, ac et $a'c'$; la parallèle menée, à la seconde droite, par un point de la première, est projetée en $b\gamma$ et $b'\gamma'$; et l'angle de cette parallèle avec la première droite est rabattue en $aA\gamma$.

36. **PROBLÈME XIX.** *Par le point d'intersection de deux droites données, mener une droite qui divise en deux parties égales l'angle de ces droites.*

Supposons (fig. XIX) que les projections de la première droite soient ab, $a'b'$, et que celles de la seconde soient ac, $a'c'$. Je construis d'abord, comme dans le problème précédent, l'angle bAc formé par ces lignes, et je mène la droite Af qui divise cet angle en deux parties égales. Il est clair que si on relève le triangle bAc pour le remettre dans sa première situation, la ligne Af deviendra celle qui est demandée et dont il faut déterminer les projections. Or, pendant ce mouvement, le point f, où cette ligne coupe la base bc, ne change pas ; et comme il appartient au plan horizontal, il est lui-même sa projection horizontale. On obtient sa projection verticale f' en abaissant ff' perpendiculaire à xy. Les projections de la droite cherchée doivent donc passer, l'une au point f, l'autre au point f'. D'ailleurs elles doivent passer aussi par les projections a et a' du sommet de l'angle ; donc enfin les projections de cette droite sont af et $a'f'$.

Remarque. Si l'on veut que la droite cherchée divise l'angle des droites données en deux parties qui soient dans un rapport quelconque, il suffira de mener la ligne Af de manière qu'elle divise l'angle bAc

selon le rapport donné. Du reste la construction ne change pas.

37. PROBLÈME XX. *Construire l'angle d'une droite et d'un plan.*

Il est facile de reconnaître que si d'un point quelconque de la droite on abaisse une perpendiculaire sur le plan, l'angle de ces deux droites aura pour complément l'angle cherché. Ainsi la question est ramenée à construire l'angle de deux droites.

Soient donc (fig. XX) am, am', les traces du plan, et ab, $a'b'$, les projections de la droite. Sur ces projections je prends les points a et a' de manière qu'ils soient dans une même perpendiculaire à xy, et par ces points je mène les perpendiculaires ac, $a'c'$, sur les traces du plan : elles seront les projections d'une perpendiculaire abaissée sur le plan par un point de la droite donnée (31). Alors je construis, comme dans le n° 35, l'angle de cette perpendiculaire avec la droite ; et l'angle bAc, ainsi trouvé, a pour complément l'angle cherché. Donc, si on élève Ah perpendiculaire à Ac, cet angle cherché sera bAh.

38. PROBLÈME XXI. *Construire l'angle de deux plans.*

On peut ramener cette question à l'angle de deux droites : car, si d'un point quelconque pris dans l'angle des plans on abaisse des perpendiculaires sur ces plans, on sait que l'angle de ces perpendiculaires est le *supplément* de l'angle des plans (*Introd.* 45). Mais la question se résout plus simplement de cette autre manière. On mène un plan perpendiculaire à l'intersection des plans donnés, lequel coupe ces deux plans suivant des droites qui font entre elles l'angle demandé ; et, pour connaître cet angle, on rabat son plan sur l'un des plans de projection. C'est cette solution que je vais développer.

Soient (fig. XXI) les plans $a\alpha a'$, $a\beta a'$. Je détermine la projection horizontale ab de leur intersection ; et comme les traces d'un plan perpendiculaire à une droite doivent êtres perpendiculaires aux projections de cette droite (31), je mène perpendiculairement à ab la droite gch, que je considèrerai comme la trace horizontale d'un plan perpendiculaire à l'intersection des plans donnés. Ce plan coupe les plans donnés suivant deux droites qui passent, l'une en g, l'autre en h, et qui forment avec gh un triangle dans lequel l'angle opposé à gh est l'angle demandé. Faisons tourner ce triangle autour de sa base gh pour le mettre dans le plan horizontal. Le sommet de ce triangle est dans le plan vertical aba' : or, ce plan est perpendiculaire à gh, puisque gh l'est à ab ; donc la droite qui joint le point c au sommet du triangle est perpendiculaire à gh ; donc, par le rabattement elle viendra se placer suivant la direction ca. Il reste à trouver sa vraie longueur.

Observez que le plan du triangle est perpendiculaire à l'intersection des plans donnés, que la droite dont il s'agit est dans le plan du triangle, et que par suite elle est aussi perpendiculaire à cette intersection. Pour l'avoir en vraie grandeur, je ferai tourner le plan vertical aba' autour de sa trace verticale ba' jusqu'à ce que ba vienne se placer sur xy. Les points a et c décriront les arcs de cercle ap, cq, autour du centre b, et prendront les positions p et q. Alors l'in-

tersection des deux plans donnés sera placée sur *a'p*,
et la distance cherchée sera la perpendiculaire *qr*,
abaissée sur *a'p*. Je porte donc *qr* de *c* en N, je tire les
droites N*g*, N*h* ; et l'angle *g*N*h* est l'angle cherché.

39. **Problème XXII.** *Trouver un plan qui passe par*
l'intersection de deux plans donnés, et qui divise l'angle
de ces plans en deux parties égales.

Je suppose (fig. XXII) qu'on ait effectué les mêmes
constructions que dans le problème précédent, et que
*g*N*h* soit l'angle des plans donnés *aαa'*, *aβa'*. Je partage cet angle en deux également par la droite N*k*,
qui rencontre *gh* au point *k* ; puis je remarque que si
on relève le plan de cet angle pour lui rendre sa véritable position, la ligne N*k* viendra se mettre dans le
plan demandé. Or cette ligne ne cesse pas de passer
au point *k* ; et comme ce point est sur le plan horizontal, il s'ensuit qu'il appartient à la trace horizontale du plan demandé. D'ailleurs les traces de ce plan
doivent passer, l'une en *a*, et l'autre en *a'* ; donc ce
plan est entièrement déterminé, et c'est *aγa'*.

40. **Problème XXIII.** *Réduire à l'horizon l'angle de*
deux droites.

Quand on veut faire la carte d'un pays, on imagine
que tous les points remarquables qu'on doit y figu-
rer sont joints entre eux par des droites, de manière
à former des triangles ; puis, si tous les points sont de
niveau, on rapporte ces triangles sur la carte en construisant des triangles semblables, d'après une échelle
convenue. Mais si les points sont inégalement élevés,
comme cela arrive dans les contrées montagneuses,

on conçoit d'abord tous les triangles projetés sur un plan horizontal ; et les triangles résultant de ces projections sont ceux qu'on rapporte sur la carte au moyen de triangles semblables.

On voit donc que la carte ne doit point indiquer les angles tels qu'ils sont dans l'espace, mais seulement leurs projections ; et quand on propose de réduire à l'horizon l'angle de deux droites, c'est sa projection sur un plan horizontal qu'on veut connaître. A cet effet, on mesure immédiatement sur le terrain non seulement l'angle des deux droites, mais encore ceux qu'elles forment avec le fil à plomb ; et telles sont les données avec lesquelles on résout la question proposée. Pour plus de clarté, je représenterai par L et L' les deux droites, par A l'angle qu'elles font entre elles, par V et V' les deux autres angles.

Dans le plan vertical de projection (fig. XXIII), j'élève mn perpendiculaire à la ligne de terre xy, je fais l'angle mnp égal à V, et je considère ce plan de projection comme le plan même de l'angle V, ce qui est évidemment permis. Alors la ligne np est celle qu'on a désignée par L, et on doit se représenter l'autre ligne L', comme passant au point n, où elle fait avec mn l'angle V', et avec np l'angle A dont on demande la projection horizontale. Le côté L rencontre le plan horizontal au point p ; et la question se réduit à déterminer le point d'intersection du côté L' avec ce même plan. A cet effet, je mène la droite nq qui fait avec mn l'angle $mnq = $ V', et qui coupe xy en q ; puis, du centre m avec le rayon mq, je décris l'arc indéfini qa. Le côté L' ne pourra rencontrer le plan horizontal qu'en un point de cet arc ; de sorte qu'il suffira de trouver la distance de ce point au point *p*. Or cette distance, considérée dans le plan de l'angle A, est la base d'un triangle dont les côtés sont égaux à *np* et *nq*; donc si je fais l'angle *pnr* = A et si je prends *nr* = *nq*, la droite *pr* sera égale à la distance cherchée. Alors, du centre *p* avec le rayon *pr*, je décris l'arc *rb*; et le point *s*, où il coupe l'arc *qa*, est le point d'intersection du second côté L' avec le plan horizontal. Donc *mp* et *ms* sont les projections des côtés L et L'; donc enfin l'angle *pms* est celle de l'angle A.

Plus courte distance de deux droites. Solution des différents cas de l'angle trièdre.

41. PROBLÈME XXIV. *Construire la plus courte distance de deux droites non situées dans le même plan.*

La suite des constructions qu'il faut effectuer est assez indiquée dans l'introduction page 16; mais si elle n'était point déjà connue, voici comment on y arriverait.

Soient A et B les deux droites données (fig. *a*, pl. IV). Par la droite A, faites passer un plan PP parallèle à la droite B. Cette droite sera partout à la même distance du plan PP, et comme la plus courte distance demandée doit joindre un point de la droite B avec un point de ce plan, il s'ensuit qu'elle ne peut pas être moindre que la perpendiculaire abaissée d'un point de la droite B sur le plan PP. Il faut donc examiner si elle peut lui être égale.

Supposons qu'on ait effectivement abaissé une perpendiculaire sur le plan PP par un point de B, et que, par le pied de cette perpendiculaire, on mène une droite C parallèle à B. Puisque le plan PP est parallèle à B, cette parallèle est tout entière dans ce plan (*Introd.* 26, cor. I), et par suite elle doit rencontrer la droite A. Or, si on mène par le point d'intersection une parallèle à la perpendiculaire qui a été abaissée sur le plan PP, elle sera dans un même plan avec la droite B, et le segment de cette parallèle compris entre les droites A et B est évidemment égal à cette perpendiculaire ; donc ce segment est la plus courte distance demandée.

Appliquons la méthode des projections aux constructions qu'on vient d'expliquer. Soient ab, $a'b'$ (fig. XXIV), les projections de la droite A ; et cd, $c'd'$, celles de la droite B. Il faut d'abord mener le plan PP, qui passe par A et qui est parallèle à B : c'est le problème XI. Je prends donc sur A un point $[o, o']$ par lequel je mène une parallèle $[om, o'm']$ à B ; je construis les traces m et n' de cette parallèle ; je construis aussi les traces a et b' de la droite A ; puis je tire les droites αma et $\alpha b'n'$, qui sont les traces du plan PP.

Il faut ensuite abaisser une perpendiculaire sur ce plan, par un point de la droite B. Si on prend le point $[p, p']$, on aura les projections de cette perpendiculaire en menant, sur les traces du plan $m\alpha n'$, les perpendiculaires pq, $p'q'$ (34) ; puis on trouvera, par la construction connue (20), les projections r et r' du pied de cette perpendiculaire.

Alors, pour avoir les projections de la parallèle C, menée par ce point à la droite B, je trace rs et $r's'$ respectivement parallèles à cd et $c'd'$. Ces projections rencontrent celles de la droite A aux points s et s' : or, ces points doivent être les projections de l'intersection de la ligne A avec la parallèle C; donc, en menant de ces points les lignes *st* et *s't'*, parallèles aux projections de la perpendiculaire et terminées à celles de la droite B, on aura les projections de la plus courte distance demandée, et il sera facile ensuite d'en avoir la vraie grandeur *s'u'*. Il est sans doute inutile d'avertir que les droites *ss'* et *tt'* doivent être perpendiculaires sur *xy*.

Remarques. Supposons que la droite B rencontre A : alors le plan PP n'est autre que celui de ces deux droites. La ligne sur laquelle se mesure la plus courte distance est toujours perpendiculaire à ce plan; mais comme elle passe au point d'intersection des deux droites, il s'ensuit que la plus courte distance est nulle.

Quand les deux droites A et B sont parallèles, la ligne menée parallèlement à B, par un point de A, se confond avec cette dernière droite; le plan PP est donc indéterminé, et la construction générale est en défaut. Mais dans ce cas on obtiendra facilement la plus courte distance en abaissant, d'un point quelconque pris sur l'une des deux droites, une perpendiculaire sur l'autre.

42. Problème XXV. *Étant donné les trois faces d'un angle trièdre, trouver les trois inclinaisons.*

Dans un angle trièdre il y a trois faces et trois inclinaisons, c'est à dire, en d'autres termes, trois angles plans et trois angles dièdres. Si l'on propose de déterminer trois de ces parties au moyen des trois autres, il y aura six cas à examiner : car les données peuvent être prises suivant six combinaisons différentes. En effet, on peut prendre comme données : 1° les trois faces ; 2° deux faces et l'inclinaison comprise ; 3° deux faces et l'inclinaison opposée à l'une d'elles ; 4° une face et les deux inclinaisons adjacentes ; 5° une face, une des inclinaisons adjacentes et l'inclinaison opposée ; 6° les trois inclinaisons.

Mais il est facile de voir qu'on peut ramener les trois derniers cas aux trois premiers, au moyen de l'angle trièdre supplémentaire (*Introd.* 46). Nommons a, b, c les faces d'un angle trièdre, et α, β, γ, les inclinaisons ; et supposons, par exemple, qu'on connaisse les trois inclinaisons α, β, γ, et qu'on veuille trouver les faces a, b, c. On prendra les suppléments a', b', c', des inclinaisons, savoir : $a' = 180° - \alpha$, $b' = 180° - \beta$, $c' = 180° - \gamma$; et ces suppléments seront les faces de l'angle trièdre supplémentaire. Or, supposons qu'on sache trouver les inclinaisons des faces dans ce nouvel angle trièdre, et désignons ces inclinaisons par α', β', γ'. On en prendra les suppléments, et alors on connaîtra les faces a, b, c, du premier angle trièdre, savoir : $a = 180° - \alpha'$, $b = 180° - \beta'$, $c = 180° - \gamma'$. Semblablement, le quatrième cas se réduit au second, et le cinquième au troisième ; par conséquent il suffira de considérer les trois premiers.

Celui qui est proposé dans l'énoncé doit être traité d'abord. Mais je rappellerai auparavant que deux conditions doivent toujours être remplies pour qu'on puisse former un angle trièdre avec trois faces données : c'est que la somme des trois faces soit moindre que quatre angles droits, et que la plus grande face soit moindre que la somme des deux autres. Ces conditions sont d'ailleurs les seules nécessaires (*Introd.* 49).

Cela posé, dans un plan quelconque, que je regarderai comme horizontal (fig. XXV), je fais l'angle *asb* égal à une des faces données, et je suppose que les deux autres faces soient rabattues sur celle-là en *asc* et *bsc'*. Il est évident qu'on reconstruira l'angle trièdre en faisant tourner ces deux faces, l'une autour de *sa* et l'autre autour de *sb*, jusqu'à ce que les côtés *sc* et *sc'* coïncident. Prenons, sur ces côtés, $sf = sf'$, et menons sur *sa* et *sb* les perpendiculaires *fgh* et *f'g'h*, qui se coupent en *h*. Pendant la rotation des deux faces, les points *f* et *f'* décrivent autour des centres *g* et *g'*, des cercles situés dans des plans verticaux dont les traces, sur le plan fixe *asb*, sont *gh*, *g'h*; et, quand la coïncidence des côtés *sc* et *sc'* s'établit, ces points se réunissent en un seul, que je nommerai F. Alors les droites *fg* et *f'g'* forment avec *gh* et *g'h* des angles égaux aux inclinaisons des faces latérales sur la face horizontale *asb*.

Pour connaître ces inclinaisons, il suffit de rabattre sur cette face horizontale les plans verticaux décrits par *fg*, *f'g'*. En faisant tourner le premier autour de *gh*, le cercle décrit par *fg* se rabattra sur un cercle *fk*, décrit du centre *g* avec le rayon *gf*. D'un autre côté, observons que le point *h* étant commun aux deux plans verticaux, l'intersection de ces deux plans doit être une verticale élevée en *h*; donc cette intersection, en tournant autour de *gh*, se rabattra suivant la perpendiculaire *hk* à *gh*. Or le point F, où se réunissent, dans l'espace, les points *f* et *f'*, doit être sur cette intersection; donc il sera rabattu au point *k*, où l'arc *fk* est rencontré par la perpendiculaire *hk*; et par suite, en tirant *kg*, l'angle *kgh* sera l'inclinaison des faces *asc*, *asb*. Si on fait tourner autour de *g′h* le plan vertical décrit par *f′g′* on trouve, par une construction toute semblable, l'angle *k′g′h* qui est égal à l'inclinaison des faces *bsc′*, *asb*.

On pourrait trouver la troisième inclinaison en faisant sur l'une des faces *asc*, *bsc′*, les mêmes constructions qu'on vient d'effectuer sur la face *asb*; mais on l'obtient plus simplement de la manière suivante. Concevez par le point F un plan perpendiculaire à la troisième arête; il coupera les deux faces latérales suivant deux droites qui comprendront entre elles l'inclinaison cherchée. L'une de ces droites est rabattue sur *fp* perpendiculaire à *sc*, et l'autre, sur *f′q* perpendiculaire à *sc′*. Il est évident que les points *p* et *q*, où ces droites rencontrent les côtés *as* et *bs*, n'ont pas changé de position; donc, en tirant la droite *pq* on aura, sur la face *asb*, la trace du plan qui contient l'angle inconnu, et, si on fait tourner ce plan autour de *pq*, le sommet de cet angle ira se placer à l'intersection *m* des arcs décrits avec les rayons *pf* et *qf′*; donc enfin l'angle *pmq* est égal à la troisième inclinaison de l'angle trièdre.

Remarque. Dans cette construction, plusieurs vérifications sont à remarquer.

1° Les droites *hk* et *hk′* doivent être égales, comme rabattements d'une même verticale.

2° La ligne *sh* étant la projection de la troisième arête sur le plan *asb*, et *pq* étant la trace d'un plan perpendiculaire à cette arête, il s'ensuit que *sh* doit être perpendiculaire à *pq*. Si *sh* est perpendiculaire à *pq*, la droite menée du point F, de la troisième arête, au point *n* où *sh* rencontre *pq*, doit être aussi perpendiculaire à *pq* ; donc, dans le rabattement *pqm*, cette droite doit se placer sur le prolongement de *sn* ; donc le point *m* doit être sur ce prolongement. Ainsi, la ligne *sh* est perpendiculaire à *pq*, et va passer par le point *m*.

3° Si on prolonge *gh* jusqu'à sa rencontre *i* avec *sb*, les distances *if'* et *ik* devront être égales. Pareillement, si on prolonge *g'h* jusqu'à sa rencontre *i'* avec *sa*, on devra aussi avoir *i'f* = *i'k*.

43. PROBLÈME XXVI. *Connaissant deux faces d'un angle trièdre et leur inclinaison, trouver la troisième face et les deux autres inclinaisons.*

Soient (fig. XXVI) *asb* et *asc* les deux faces données, rabattues l'une à côté de l'autre. Si on mène *fgh* perpendiculaire sur *as*, les lignes *gh* et *gf* seront les intersections de ces faces avec le plan qu'on élèverait au point *g* perpendiculairement à l'arête *as*, et, lorsque les deux faces sont dans leur véritable situation, ces lignes font entre elles un angle égal à l'inclinaison donnée. Supposons que le plan de cet angle tourne autour de *gh* pour s'appliquer sur le plan *asb*, la droite *gf* viendra faire avec *gh* l'angle *kgh* égal à cette inclinaison. D'ailleurs, la distance *gf* ne doit pas changer de grandeur ; donc, si on prend *gk* = *gf*, et qu'on abaisse *kh* perpendiculaire à *gh*, le point *h* sera le pied de la perpendiculaire abaissée sur le plan *asb* par le point F de la troisième arête, lequel est rabattu en *f* et en *k*. Concevons que cette dernière arête tourne autour de *bs* pour venir dans le plan de *asb* : il est clair que le point F ira se placer quelque part, en *f'*, sur la perpendiculaire *kg'f'* à *bs* ;

et comme il doit être à la même distance du sommet
s que le point f, il s'ensuit que le point f' est déterminé, et par conséquent la troisième face bsf' l'est
aussi. Connaissant les trois faces, on trouve les inclinaisons au moyen du problème précédent.

Remarque. Prolongez gh jusqu'en i : on devra
avoir $if' = ik$.

44. PROBLÈME XXVII. *Connaissant deux faces d'un
angle trièdre, et l'inclinaison opposée à l'une d'elles, trouver la troisième face et les deux autres inclinaisons.*

Soient (fig. XXVII) asb et asc les deux faces données, et supposons qu'on connaisse l'inclinaison opposée à la face asc. Représentons-nous l'angle
trièdre tel qu'il est dans l'espace, coupons-le par un
plan perpendiculaire à l'arête as, et cherchons le
rabattement, sur le plan asb, du triangle qui résulte
de cette intersection. Les traces gi, gf, de ce plan sur
les faces asb, asc, sont des perpendiculaires à as; et
même les distances gi, gf, représentent déjà les véritables grandeurs de deux côtés du triangle dont il
s'agit. Il suit de là que si on considère gi comme la
base de ce triangle, le sommet devra se trouver rabattu en quelque point de la demi-circonférence fpq,
décrite du centre g avec le rayon gf.

Quant au troisième côté, sa direction est déterminée par l'intersection du plan perpendiculaire à as
avec celui de la troisième face; et comme l'inclinaison
de cette troisième face est connue, il sera facile de
trouver la direction de cette intersection. D'abord
elle doit passer au point i; cherchons-en donc un
second point. A cet effet, menons go perpendicu-

laire à *bs*, et imaginons suivant *go* un plan perpendiculaire à la face *asb*. Ce plan coupera la troisième
face de l'angle trièdre suivant une droite qui fera avec
og un angle égal à l'inclinaison donnée. On peut donc
avoir immédiatement, en *gom*, le rabattement de cet
angle ; et, si on mène *gm* perpendiculaire à *go*, cette
droite sera la vraie grandeur de la perpendiculaire
qui serait élevée en *g* au plan *asb* et terminée au plan
de la troisième face. Or, cette dernière perpendiculaire est tout entière dans le plan du triangle qui a
gi pour base, et dont on cherche le rabattement sur
le plan *asb* ; donc, quand ce triangle tourne autour
de *gi*, elle doit s'appliquer, dans la direction de *ga*,
sur la distance *gn = gm* ; donc, en tirant une droite
par les points *i* et *n*, on aura la direction du troisième côté du triangle.

Quand la droite *in* rencontre la demi-circonférence
fpq en deux points *p* et *q*, comme sur la figure, le
problème a deux solutions. En effet, si on remet le
plan de cercle *fpq* dans sa position primitive, et qu'a-
lors on joigne le sommet *s* aux points *p* et *q*, il est
clair qu'on aura deux angles trièdres construits avec
les données du problème. Considérons d'abord celui
qui est déterminé par le point *p*. La droite *pi* sera
la distance du point *i* à un point de la troisième arête ;
mais la distance du sommet *s* à ce point de la troisième arête est égale à *sf* ; donc, lorsqu'on rabat la
troisième face autour de *bs*, ce point se placera à l'intersection *p'* des arcs décrits avec les rayons *ip* et *sf* ;
et ensuite, en tirant *sp'*, on trouvera *bsp'* pour
troisième face. Si on considère l'angle trièdre
déterminé par le point *q* et qu'on fasse les mêmes

6

constructions, on aura bsq' pour troisième face.

Remarques. Si des points p et q on abaisse des perpendiculaires sur gi, et qu'ensuite, par leurs pieds,
on mène des perpendiculaires à sb, ces dernières lignes doivent passer respectivement aux points p' et q'.

Le problème n'a deux solutions que dans les cas
où les points p et q sont tous deux du côté in. Lorsque
le point q tombe du côté in' il ne fournit pas de solution. Quand le demi-cercle fpq est tangent à in, les
deux solutions se réduisent à une seule. Enfin, si le
cercle et la droite ne se rencontraient pas, le problème
serait impossible.

DEUXIÈME PARTIE.

Génération des surfaces.

45. Quelle que soit la surface que l'on considère, on doit toujours chercher dans sa définition, ou dans sa génération, ou dans ses propriétés, les éléments propres à la déterminer ; de telle sorte que, ces éléments étant une fois donnés, on en pourra déduire la solution de toutes les questions relatives à la surface. C'est ainsi qu'un plan est déterminé par ses deux traces, et une sphère par son centre et son rayon.

S'il s'agissait de déterminer une surface dans le seul but de la distinguer de toutes les autres, on conçoit que les éléments propres à remplir cet objet pourraient varier d'une infinité de manières différentes. Mais il faut, et cette condition est essentielle, que ces éléments soient d'un emploi facile dans les recherches auxquelles la surface doit être soumise. A cet égard, le choix est rarement embarrassant : car les surfaces sur lesquelles s'exerce la géométrie descriptive sont toujours connues par leur génération, et cette génération même fournit les éléments qui les déterminent de la manière la plus simple, et en même temps la plus commode pour les constructions.

46. Toute surface peut être considérée comme engendrée par le mouvement d'une ligne, de forme constante ou variable. Ainsi, on décrit le plan en faisant
glisser une droite parallèlement à elle-même le long
d'une droite, ou en la faisant tourner perpendiculairement autour d'une droite fixe qu'elle rencontre
constamment au même point : dans cet exemple la
génératrice ne change pas de forme, c'est toujours
une ligne droite. La sphère est produite par la rotation d'un grand cercle autour d'un diamètre, et ici la
génératrice conserve encore la même forme ; mais on
peut aussi obtenir la sphère en faisant mouvoir un
cercle de manière que son plan reste perpendiculaire
à un même diamètre, que son centre soit toujours sur
ce diamètre, et que son rayon varie suivant une loi
convenable.

En général, on peut tracer sur quelque surface que
ce soit une première ligne à volonté, puis supposer
que cette ligne se meut, en changeant de forme si
cela est nécessaire, de manière à engendrer la surface.
Mais, dans les applications, il y a peu d'utilité à en-
visager la génération des surfaces sous un point de
vue aussi général, et c'est toujours à celle qui convient plus spécialement à chaque sorte de surfaces
qu'on doit avoir recours.

La ligne dont le mouvement engendre une surface
se nomme *génératrice*. Une ligne, droite ou courbe,
qui sert à diriger le mouvement de cette génératrice
se nomme *ligne directrice*. Quand on se sert d'un plan
pour diriger ce mouvement, c'est un *plan directeur*.
Quand on emploie une surface, c'est une *surface directrice*.

Du plan tangent et de la normale.

47. Une courbe peut être considérée comme un polygone dont les côtés sont infiniment petits, et alors les tangentes sont les droites qu'on obtient en prolongeant les côtés indéfiniment. De même une surface courbe peut être assimilée à un polyèdre dont les faces sont infiniment petites, et *un plan tangent n'est autre chose que le plan d'une de ces faces, supposé indéfini.*

Ainsi, pour avoir une idée nette de ce que doit être le plan tangent en un point d'une surface, il faut imaginer qu'on a pris autour de ce point une partie infiniment petite de cette surface : cette partie peut être regardée comme située dans un plan, et c'est ce plan, considéré comme indéfiniment prolongé, qui est le plan tangent.

48. Concevons par le point de contact tant de lignes qu'on voudra, tracées sur la surface, et prenons, à partir de ce point, des parties infiniment petites de ces lignes; elles seront toutes situées dans le plan tangent. Mais, d'un autre côté, ces parties peuvent être considérées comme des lignes droites, et en les prolongeant indéfiniment, elles seront les tangentes aux lignes tracées sur la surface, donc chacune de ces tangentes a une portion infiniment petite de sa direction, qui est contenue dans le plan tangent; donc elle y est tout entière : c'est à dire que le *plan tangent à une surface contient les tangentes menées, par le point de contact, à toutes les lignes qu'on peut tracer par ce point sur la surface.*

49. Cette conclusion dérive immédiatement des considérations infinitésimales sur lesquelles reposent les définitions de la tangente et du plan tangent; mais on peut s'en affranchir de la manière suivante.

D'abord il faut rappeler que, si on mène une droite qui rencontre une courbe en deux points, et si ensuite on la fait tourner autour de l'un d'eux, de manière que l'autre vienne coïncider avec lui après s'en être rapproché de plus en plus, la droite vient alors prendre une position déterminée, dans laquelle on lui donne le nom de *tangente*. Cela posé, je vais prouver que les tangentes menées, par un point d'une surface, aux différentes lignes qu'on peut tracer par ce point sur la surface, sont toutes situées dans un même plan; et alors ce sera ce plan que nous conviendrons d'appeler *plan tangent*.

Pour démontrer cette proposition, je regarderai la surface comme engendrée par le mouvement d'une ligne, et, pour plus de netteté, je supposerai d'abord que cette ligne est de forme invariable. Soit M un point quelconque de la surface (pl. II, fig. 14), et AA′ la génératrice passant par ce point; considérons-la dans une position GG′, aussi voisine qu'on voudra de AA′, et supposons que le point N soit celui qui vient se placer en M, en décrivant la route CC′ sur la surface. Soit encore MD une courbe quelconque tracée par le point M sur la surface, et P son intersection avec la génératrice GG′. Enfin, par les points M, N, P, pris deux à deux, menons les sécantes MR, NS, MT.

Maintenant concevons que la génératrice GG′ se rapproche de AA′, et qu'enfin elle vienne coïncider avec AA′ : au moment où la coïncidence s'établit, les points N et P viennent se confondre avec le point M, et dès-lors les trois sécantes deviennent des tangentes aux trois courbes CC′, AA′, MD. Or, pendant que les trois sécantes varient de position, il y a toujours un plan qui les contient toutes les trois ; donc, au moment où elles deviennent tangentes, elles doivent encore être dans un même plan.

La démonstration précédente s'applique aussi au cas où la génératrice GG′ change de forme : mais alors elle est sujette à une difficulté, résultant de ce que la définition de la tangente à une courbe exige que la courbe conserve sa forme pendant que la sécante, dont la tangente est la limite, tourne autour d'un point de cette courbe. Quoi qu'il en soit, comme nous n'aurons à considérer dans la suite que des surfaces dont la génératrice est de forme constante, nous pourrons admettre comme prouvé que le plan des tangentes menées aux courbes CC′ et AA′, contient la tangente à une courbe quelconque tracée par le point M sur la surface : conclusion qui revient exactement à celle du numéro précédent.

50. Cette proposition est de la plus grande importance dans la recherche des plans tangents : car, comme il suffit de deux droites pour déterminer un plan, il s'ensuit que pour construire le plan tangent en un point donné d'une surface, il n'y a qu'à mener les tangentes à deux lignes seulement, tracées sur cette surface, et à conduire un plan par ces tangentes.

Il est inutile de dire qu'il faudra toujours choisir sur la surface les deux lignes dont les tangentes sont

es plus faciles à trouver. Par exemple, si l'on peut
mener par le point de contact deux droites qui soien
entièrement contenues sur la surface, on remarquera
que ces droites sont à elles-mêmes leurs propres tangentes; et par suite le plan tangent sera déterminé
par ces deux droites. Ce cas est celui de certaines
surfaces gauches dont les propriétés seront exposées
plus loin (n°s 64-75). Du reste, on verra bientôt que,
dans chaque genre de surfaces, le plan tangent jouit
de propriétés particulières qui en facilitent la détermination.

51. On appelle *normale* la perpendiculaire au plan
tangent, menée par le point de contact.

Des différents genres de surfaces.

52. Il y a des surfaces qui sont d'un usage fré-
quent dans les arts de construction, et auxquelles on
doit une attention particulière. C'est de celles-là seulement que je m'occuperai, et je les distribuerai en
trois classes : LES SURFACES DÉVELOPPABLES, LES SUR-
FACES DE RÉVOLUTION, et LES SURFACES GAUCHES.

53. SURFACES DÉVELOPPABLES. Elles sont engendrées par une droite qui se meut de manière que,
dans chacune de ses positions, elle soit dans un même
plan avec la position infiniment voisine. Il est bien
entendu que la génératrice est toujours indéfinie, à
moins qu'on n'avertisse du contraire. Parmi ces surfaces, nous remarquerons le *cylindre* et le *cône*.

Le *cylindre* est engendré par une droite qui se
meut parallèlement à elle-même, en s'appuyant sur
une courbe quelconque ou en suivant telle autre loi

qu'on voudra. De cette génération il résulte qu'un plan parallèle à une génératrice ne peut couper la surface que suivant une ou plusieurs de ses génératrices.

Le *cône* est engendré par une droite qui passe constamment par un point fixe ou *sommet*, et qui se meut autour de ce point suivant une loi quelconque. Les deux parties d'un cône, séparées par le sommet, se nomment *nappes*. Il est évident qu'un plan mené par le sommet doit en général couper le cône suivant une ou plusieurs droites passant au sommet.

54. Pour avoir une idée complète des surfaces développables en général, prenons les choses de plus haut, et considérons la surface qu'on obtient en prolongeant indéfiniment les côtés d'un polygone ABCD.... (fig. 15), dont trois côtés consécutifs quelconques ne sont pas dans le même plan. Cette surface, ou, si l'on veut, ce polyèdre, se compose des faces PAQ, QBR,... qui ne sont autre chose que des portions angulaires de plans; et même rien n'empêche de concevoir toutes les arêtes comme prolongées de l'autre côté du polygone, et formant une seconde surface polyédrale, séparée de la première par le polygone ABCD..., de même que les nappes d'un cône le sont par le sommet. Supposons que le polygone soit inscrit dans une courbe donnée, et augmentons successivement le nombre de ses côtés ; on déterminera ainsi une série de polyèdres sur lesquels chaque arête sera dans un même plan avec l'arête immédiatement voisine ; et par conséquent la limite de ces polyèdres sera une surface courbe douée de la même propriété, c'est à dire qu'elle sera une surface développable.

Remarquons en outre qu'en passant ainsi à la limite , le polygone se confond avec la courbe donnée, et que les arêtes du polyèdre deviennent tangentes à cette courbe ; donc une surface développable peut être décrite par une droite qui reste constamment tangente à une courbe. Monge donne à cette courbe le nom d'*arête de rebroussement*.

Le cylindre et le cône échappent à cette génération ; parce que, dans l'un, les génératrices sont parallèles, et que, dans l'autre, elles passent toutes par un même point.

55. Une propriété bien remarquable des surfaces développables, et qui est exprimée par leur dénomination même, c'est qu'une portion d'une telle surface étant prise à volonté, on peut toujours l'étendre dans un plan sans déchirure ni duplicature. Et en effet, pour cela, il suffit de faire tourner successivement chacun des éléments plans, dont cette portion de surface est composée, autour de la génératrice qui le sépare de l'élément voisin. De cette manière, on pourra amener un premier élément sur le plan du suivant, l'ensemble de ces deux éléments sur le plan du troisième, et ainsi de suite.

56. Une autre propriété également remarquable des surfaces développables, c'est que dans toute surface appartenant à cette classe, cylindre, cône, ou autre, le plan tangent doit contenir une génératrice tout entière, et être tangent à la surface en chaque point de cette génératrice.

Cette proposition dérive immédiatement de la génération des surfaces développables, et se démontre facilement par les considérations infinitésimales dont on a déjà fait usage (48). En effet, dans ces surfaces, une génératrice donnée est toujours dans un même plan avec la génératrice voisine : or il est évident que ce plan, prolongé indéfiniment en tous sens, est tangent à la surface en chaque point de la génératrice donnée.

C'est sur cette propriété que nous nous appuierons pour construire les plans tangents aux cylindres et aux cônes.

57. SURFACES DE RÉVOLUTION. Elles s'engendrent en faisant tourner une ligne autour d'un *axe fixe*.

On nomme *plans méridiens* les plans qui passent par l'axe, et *méridiens* les intersections de ces plans avec la surface. Il est clair que tous les méridiens sont égaux, et que chacun est composé de deux parties parfaitement égales.

Il est également clair que les perpendiculaires abaissées sur l'axe, par les différents points de la génératrice, décrivent des cercles, dont les plans sont perpendiculaires à l'axe, et qui ont leurs centres sur cet axe. Ces cercles se nomment *parallèles*.

58. Comme exemples de surfaces de révolution, je me bornerai à citer ici la *sphère* qui est si connue, et la *surface gauche* de révolution. Cette dernière est celle que décrit une droite en tournant autour d'un axe qui n'est pas situé avec elle dans un même plan. La plus courte distance de la génératrice à l'axe est une droite perpendiculaire à ces deux lignes (*Introd.* 39), et par conséquent elle décrit autour de l'axe le parallèle du moindre rayon. Ce parallèle porte le nom de *gorge* ou de *collier*. Les proprié-

tés de cette surface seront exposées numéros 64-70.

59. *Dans toute surface de révolution, le plan tangent est perpendiculaire au plan méridien qui passe au point de contact.*

En effet, le plan tangent doit contenir la tangente au parallèle qui passe au point de contact (48) : or le plan de ce parallèle est perpendiculaire au plan méridien, et la tangente à ce parallèle est perpendiculaire au rayon qui est l'intersection des deux plans ; donc cette tangente est perpendiculaire au plan méridien ; donc le plan tangent l'est aussi.

60. SURFACES GAUCHES. On nomme ainsi les surfaces qui sont engendrées par une ligne droite, et qui ne sont pas développables.

Toutes les surfaces décrites par une droite, soit gauches, soit développables, sont comprises dans la dénomination générale de *surfaces réglées.*

61. Parmi les différents moyens de déterminer le mouvement d'une droite pour lui faire décrire une surface gauche, le plus simple est de l'assujettir à rencontrer constamment trois lignes ou directrices données. Pour démontrer qu'en effet la surface est alors déterminée, prenons un point quelconque M de la première directrice A (fig. 16), et regardons-le comme le sommet d'un cône engendré par une droite qui s'appuie sur la seconde B. Ce cône ira couper la troisième directrice C en un point P ; et la droite MP, menée par les points M et P, étant tout entière sur ce cône, doit rencontrer la ligne B en quelque point N, et par conséquent elle s'appuie sur les trois directrices, aux points M, N, P. Si on conçoit que tous les points

de la première directrice soient pris successivement pour sommets de différents cônes, la droite MNP, qui rencontre les trois directrices, changera continuellement de position et décrira une surface, qui est ainsi complètement déterminée.

Il pourrait se faire que les trois directrices fussent sur une surface développables. Alors la génératrice, en glissant sur ces directrices, décrirait cette surface elle-même.

62. Les surfaces gauches que nous remarquerons sont les suivantes :

1° L'*hyperboloïde à une nappe*, engendré par une droite qui se meut sur trois droites non parallèles à un même plan. La surface gauche de révolution en est un cas particulier (67, *scolie*).

2° Le *paraboloïde hyperbolique* ou *plan gauche*, engendré par une droite qui se meut sur deux droites, en restant toujours parallèle à un plan directeur. On démontre (73, *scolie II*) que cette surface est la même que décrit une droite qui glisse sur trois droites parallèles à un plan (*).

3° Le *cylindre gauche*, engendré par une droite assujettie à demeurer parallèle à un plan directeur, et à s'appuyer sur deux courbes quelconques.

4° Le *conoïde*, engendré par une droite qui reste parallèle à un plan directeur, et qui glisse sur une droite et sur une courbe.

63. Je vais exposer maintenant les propriétés des

(*) L'hyperboloïde à une nappe et le paraboloïde hyperbolique sont les seules surfaces gauches dont l'équation soit du second degré, et pour cette raison on les désigne souvent sous la dénomination de *surfaces gauches du second ordre.*

surfaces gauches. Mais le lecteur, qui voudrait se
borner à la partie la plus élémentaire de la théorie
des surfaces, pourra passer immédiatement aux problèmes (76), et alors il devra laisser de côté ceux qu
sont relatifs aux surfaces gauches.

Propriétés de la surface gauche de révolution.

64. Théorème (fig. 17). *Les génératrices de la surface gauche de révolution se projettent sur le plan du
collier suivant des tangentes au collier.*

Concevons, par un point quelconque A du collier,
une génératrice AG et une parallèle AD à l'axe OZ.
Soit O le centre du collier : le rayon OA étant perpendiculaire aux lignes OZ et AG, doit l'être au plan
DAG, et par conséquent aussi à la trace AR, de ce
plan, sur le plan du collier. Or AR est évidemment
la projection de la génératrice AG ; donc cette projection est tangente au collier.

65. Théorème (fig. 17). *On peut mener, par chaque
point de la surface, deux droites qui s'appliquent sur
cette surface dans toute leur étendue.*

Soient OZ l'axe de la surface, OA le rayon du
collier, AG la génératrice, et AD une parallèle à l'axe.
Le plan DAG étant perpendiculaire à OA, l'est aussi
au plan méridien ZOA, et la trace AR, du plan DAG
sur le plan du collier, est tangente au collier : c'est
ce qu'on vient de voir dans le théorème précédent.
Maintenant , dans le plan DAG faites l'angle
DAH $=$ DAG ; et je dis que la ligne AH, en tournant
autour de l'axe, décrira la même surface que AG :
Pour le démontrer, menez perpendiculairement

à l'axe un plan quelconque qui coupe cet axe en L, les lignes AG, AD, AH, en G, D, H, et le plan GAH suivant la droite GDH; joignez LG, LD, LH. Les triangles ADG, ADH sont rectangles en D, l'angle DAG=DAH, et le côté AD est commun : donc DG=DH. Par suite les triangles DGL, DHL sont égaux comme ayant DL commun, DG=DH, et l'angle droit GDL=HDL; donc LG=LH. De là on conclut que le point H décrira le même cercle que le point G, c'est à dire que, sur les droites AG et AH, les points qui sont à égale distance du collier décrivent le même parallèle. Donc ces droites engendrent précisément la même surface; donc, par chaque point de cette surface, on peut tracer deux droites qui s'appliquent sur elle exactement.

Corollaire. Il y a donc deux systèmes de génératrices à considérer sur la surface. L'un embrasse les différentes positions de la droite AG; et l'autre, celles de la droite AH.

66. THÉORÈME (fig 17). *Le centre du collier est en même temps le centre de la surface :* c'est à dire qu'il *partage en deux parties égales toutes les droites menées par ce point et terminées à la surface.*

Quand la rotation a placé le point A en A′ à l'autre extrémité du diamètre AA′, et les lignes AR, AG, AD, AH, en A′R′, A′G′, A′D′, A′H′, il est clair que les tangentes AR et A′R′ sont parallèles, ainsi que les plans GAH et G′A′H′. Par suite les droites AG et A′H′, qui font les angles GAR et H′A′R′ égaux entre eux et de même sens, doivent être parallèles entre elles. Si donc, par le point O et par un point quelconque

M de AG, on mène une droite, elle ira couper A'H'
en un point N, et on aura ON=OM, ce qui revient
à l'énoncé.

67. THÉORÈME (fig. 18). *Deux génératrices de systèmes différents sont toujours dans un même plan ; mais
deux génératrices d'un même système n'y sont jamais.
Trois de ces dernières, prises comme on voudra, ne
peuvent pas non plus être parallèles au même plan.*

Supposons que la rotation ait amené les lignes
AD, AG, AH, dont il est parlé dans le théorème précédent, en A'D', A'G', A'H', et la tangente AR en
A'R'. Les génératrices AG, A'G' appartiendront au
premier système, et AH, A'H', au second. Par le
point de rencontre des deux tangentes menons KRK'
parallèle à l'axe OZ, cette parallèle sera l'intersection
des plans GAH, G'A'H'. Comme les angles GAR,
H'A'R sont égaux, et que AR = A'R, il est facile de
voir que les droites AG, A'H' vont couper RK au
même point ; donc deux génératrices de systèmes
différents sont toujours dans un même plan.

Quant aux droites AG et A'G', si elles se cou-
paient, ce ne pourrait être que sur la ligne KK' : or,
les angles GAR et G'A'R' étant égaux, il est évident
que l'une de ces génératrices coupe KK' au dessus
du point A, et l'autre au dessous ; donc elles ne se
rencontrent pas. D'ailleurs, les lignes AG, A'G' ne
peuvent pas être parallèles : car, si elles l'étaient,
les plans GAD, G'A'D' le seraient aussi, et A'R' serait parallèle à AR. Mais alors AG et A'G' auraient
la position qu'elles occupent dans la figure 17 ; les
lignes A'G' et A'H' seraient donc toutes deux paral-

lèles à AG, ce qui est impossible. Donc deux génératrices d'un même système ne sont jamais dans un
même plan.

Maintenant, prenez à volonté trois génératrices
d'un même système, et menez-leur des parallèles par
un point de l'axe. Puisque, dans un même système,
il n'y a point de génératrices parallèles entre elles,
ces trois parallèles seront trois droites distinctes ; et
puisque toutes les génératrices sont également inclinées sur l'axe, ces parallèles feront des angles égaux
avec l'axe. De là il est facile de conclure qu'elles rencontrent le plan du collier en trois points placés sur
une circonférence de cercle, et que par conséquent
elles ne sont pas dans un même plan ; or, c'est ce qui
devrait être si les trois génératrices étaient parallèles
à un plan. Donc trois génératrices d'un même système ne peuvent pas êtres parallèles au même plan.

Scolie. Il est clair que la surface peut être décrite
en faisant glisser une droite sur trois génératrices quelconques, prises dans un même système, et qu'on re-
garderait comme trois directrices fixes ; donc la surface gauche de révolution est un cas particulier de
l'hyperboloïde à une nappe (62).

68. THÉORÈME (fig. 19). *Si par le centre de la surface on mène une parallèle à une génératrice, et que ces
deux lignes tournent en même temps autour de l'axe
sans cesser d'être parallèles, la première décrit un cône
droit qui est asymptote de la surface gauche décrite par
la seconde : c'est à dire que le cône peut approcher de
cette surface aussi près qu'on veut, sans jamais l'atteindre.*

La proposition se réduit à démontrer que si on

7

coupe les deux surfaces par des plans perpendiculaires à l'axe, la différence entre les rayons des cercles concentriques, résultant d'une même section, peut devenir aussi petite qu'on voudra, sans jamais être nulle.

Soit AG une génératrice quelconque de la surface, et OL sa parallèle sur le cône. Je mène perpendiculairement à l'axe OZ un plan qui rencontre cet axe en P, la ligne AG en M, et la ligne OL en N : il est clair que ce plan coupe les deux surfaces suivant des cercles dont les rayons sont PM et PN. Menez AR tangente au collier : on sait, par les théorèmes précédents, que le plan GAR est perpendiculaire au plan du collier; donc, si on mène MR perpendiculaire à AR, cette ligne sera aussi perpendiculaire au plan du collier, et parallèle à OZ. Par suite MR = OP et l'angle AMR = NOP; donc les triangles rectangles MAR, ONP sont égaux; donc AR = PN.

Cela posé, le triangle rectangle OAR donnera $\overline{OR^2} - \overline{AR^2} = \overline{OA^2}$; donc $\overline{PM^2} - \overline{PN^2} = \overline{OA^2}$; donc, si on fait OA = a, PM = R, PN = R', il viendra

$$R^2 - R'^2 = a^2.$$

Mais $R^2 - R'^2 = (R + R') (R - R')$; donc

$$R - R' = \frac{a^2}{R + R'}.$$

Or, en faisant des sections de plus en plus éloignées du collier, les rayons R et R' deviennent de plus en plus grands, et même ils peuvent dépasser toute limite; donc la valeur précédente de R — R' peut devenir aussi petite qu'on veut, sans jamais être nulle. C'est ce qui était à démontrer.

Scolie. Il est clair que chaque génératrice de la

surface gauche de révolution a sa parallèle sur le cône asymptote, et réciproquement : de sorte qu'on peut regarder ce cône comme le lieu des droites qu'on obtient en transportant au centre de la surface gau-che toutes les génératrices de l'un et l'autre système.

69. THÉORÈME (fig. 20). *Un plan conduit par l'axe d'une surface gauche de révolution coupe cette surface suivant une hyperbole.*

Soit DEE'D' un plan qui passe par l'axe XX', et qui coupe le cercle de gorge suivant le diamètre YY'; soit M un point quelconque de la courbe d'intersection de ce plan avec la surface, et soit MA la génératrice qui passe en ce point et rencontre le cercle de gorge en A. Abaissons les perpendiculaires MP et MQ sur OX et OY, puis tirons AQ et OA : l'angle MAQ sera égal à l'angle constant que fait la génératrice avec le plan du collier. Posons l'angle MAQ $= \alpha$, OA $= a$, OP $= x$, MP $= y$: le triangle AMQ donne d'abord AQ $=$ MQ $\times \cot \alpha = x \cot \alpha$; et ensuite, par le triangle rectangle OAQ, on a la valeur de $\overline{OQ^2}$ ou y^2, savoir :

[1] $$y^2 = x^2 \cot^2 \alpha + a^2,$$

équation qui représente une hyperbole.

Scolie I. Les asymptotes de cette hyperbole ont pour équations

$$y = \pm x \cot \alpha;$$

donc elles font avec l'axe XX' le même angle que les génératrices de la surface, et par conséquent elles sont sur le cône asymptote, dont la dénomination se trouve ainsi justifiée de nouveau.

Scolie II. Il est évident qu'on reproduirait la surface en faisant tourner l'hyperbole autour de son second axe XX′ ; et pour cette raison on la désigne encore sous le nom d'*hyperboloïde de révolution à une nappe*. En faisant tourner l'hyperbole autour de son premier axe YY′, on aurait un *hyperboloïde à deux nappes*.

Scolie III. Considérons une autre surface gauche de révolution ayant le même axe OX que la précédente, mais dont le centre soit placé à une hauteur OH=h au dessus du point O. Soit a' le rayon de son collier, et α' l'angle de sa génératrice avec le plan de ce collier. Pour avoir la section faite dans la nouvelle surface par le plan XOY, et rapportée aux mêmes axes OX et OY, il suffit de remplacer, dans l'équation [1], a par a', α par α', et x par $x-h$. De cette manière, il vient

[2] $y^2 = (x-h)^2 \cot^2 \alpha' + a'^2.$

Il est évident que les deux surfaces ne peuvent se couper que suivant des cercles dont les plans sont perpendiculaires à l'axe OX, et que ces plans rencontrent l'axe OX à des hauteurs précisément égales à celles des points d'intersection des deux hyperboles représentées par les équations [1] et [2]. Pour avoir ces hauteurs il suffit donc d'éliminer y entre les deux équations, et de tirer les valeurs de x de l'équation résultante, laquelle est

[3] $(x-h)^2 \cot^2 \alpha' - x^2 \cot^2 \alpha + a'^2 - a^2 = 0.$

Maintenant supposons $a' > a$, et mettons, dans cette dernière équation, $a^2 - a^2$ ou *zéro* au lieu de a^2, et $a'^2 - a^2$ au lieu de a'^2 : cette équation reste la même. Or, par le changement de a^2 en $a^2 - a^2$, la première surface gauche se réduit à son cône asymptote; et, par le changement de a'^2 en $a'^2 - a^2$, la seconde se trouve remplacée par une autre surface gauche qui n'en diffère que par son collier, lequel a pour rayon $\sqrt{a'^2 - a^2}$, quantité facile à trouver géométriquement. On voit donc par là comment la construction des cercles communs à deux surfaces de révolution, qui ont le même axe, peut se ramener au cas plus simple où l'une des deux surfaces serait un cône.

Cette remarque nous servira (141) à construire l'intersection d'une droite avec une surface gauche de révolution.

70. THÉORÈME (fig. 21). *En coupant la surface gauche de révolution par des plans quelconques, on peut obtenir des ellipses, des paraboles et des hyperboles.*

Soit BY la trace d'un plan quelconque sur celui du collier : j'abaisse, du centre de la surface, la perpendiculaire OB sur BY, et je conduis un plan par OB et par l'axe OZ de la surface. Ce plan sera perpendiculaire au plan coupant, et le rencontrera suivant une droite BX perpendiculaire à BY. Soit M un point quelconque de la courbe qui résulte de la section faite dans l'hyperboloïde : je mène l'ordonnée MP perpendiculaire à BX, et je pose $BP = x$, $MP = y$. OA étant le rayon du collier, et MAQ l'angle d'une génératrice quelconque avec le plan du collier, je ferai $OA = a$, $MAQ = \alpha$. Enfin, pour fixer la position du plan coupant, je prendrai la distance $OB = b$ et l'angle $OBX = \beta$.

Il s'agit d'arriver à une relation entre les coordonnées x et y. A cet effet, supposons que la génératrice passant au point M soit la droite MA, laquelle rencontre le collier en A. Menons AQ tangente au collier, MQ perpendiculaire à AQ, et PR perpendiculaire à BO ; puis tirons OA, OQ, QR. La figure MPRQ sera un rectangle, et on aura PR $=$ MQ, QR $=$ MP $= y$.

Le triangle OQR est rectangle en R, et donne $\overline{QR^2}$ ou $y^2 = \overline{OQ^2} - \overline{OR^2}$. Or le triangle rectangle OAQ donne $\overline{OQ^2} = \overline{AQ^2} + a^2$; donc

$$y^2 = \overline{AQ^2} - \overline{OR^2} + a^2.$$

Dans le triangle BPR, l'hypoténuse BP $= x$ et l'angle PBR $= \beta$; donc MQ $=$ PR $= x \sin \beta$. Par suite le triangle rectangle MAQ, dans lequel l'angle MAQ est égal à α, donne

$$AQ = MQ \times \cot \alpha = x \sin \beta \cot \alpha.$$

Du même triangle BPR on tire BR $= x \cos \beta$, et de là résulte

$$OR = BR - BO = x \cos \beta - b.$$

Substituons ces valeurs de AQ et de OR dans l'expression de y^2, et il vient

$$y^2 = x^2 \sin^2 \beta \cot^2 \alpha - (x \cos \beta - b)^2 + a^2$$
$$= (\sin^2 \beta \cot^2 \alpha - \cos^2 \beta) x^2 + 2bx \cos \beta + a^2 - b^2$$

Au moyen des relations connues

$$\cos^2 \beta = 1 - \sin^2 \beta, \quad \cot^2 \alpha = \frac{\cos^2 \alpha}{\sin^2 \alpha} = \frac{1 - \sin^2 \alpha}{\sin^2 \alpha},$$

on peut changer la valeur de y^2 en celle-ci

$$[4] \quad y^2 = \left(\frac{\sin^2 \beta}{\sin^2 \alpha} - 1 \right) x^2 + 2b \cos \beta . x + a^2 - b^2 ;$$

et telle est l'équation de la courbe d'intersection de la surface gauche par un plan quelconque.

Il est permis de supposer que α et β sont des angles aigus. Dès lors il est facile de voir que cette équation représente une ellipse, une parabole, ou une hyperbole, selon qu'on prend $\beta < \alpha$, $\beta = \alpha$, ou $\beta > \alpha$: car, dans le premier cas le multiplicateur de x^2 est négatif, il est nul dans le second, et positif dans le troisième.

Scolie I. Si on fait $a = 0$, le rayon OA devient nul, et l'hyperboloïde se change en son cône asymptote. Par cette hypothèse l'équation [4] devient

$$[5] \qquad y^2 = \left(\frac{\sin^2\beta}{\sin^2\alpha} - 1 \right) x^2 + 2b\cos\beta \cdot x - b^2 \, ;$$

et comme le coefficient de x^2 n'a point changé, on en conclut que les sections faites par le même plan, dans l'hyperboloïde et dans le cône asymptote, sont des courbes de même espèce.

Scolie II. Transportons le plan coupant parallèlement à lui-même au sommet du cône, et pour cela faisons $b = 0$: l'équation [5] se réduit à

$$y^2 = \left(\frac{\sin^2\beta}{\sin^2\alpha} - 1 \right) x^2.$$

Celle-ci donne un point unique quand l'équation [4] représente une ellipse ; une droite, quand l'équation [4] représente une parabole ; et deux droites qui se coupent, quand l'équation [4] représente une hyperbole. Ainsi, pour juger si une section de l'hyperboloïde est une ellipse, une parabole ou une hyperbole, il suffit d'examiner si un plan parallèle, passant par le centre, coupe le cône asymptote en un point unique, suivant une droite, ou suivant deux droites. Et, dans le dernier cas, on doit observer que les deux droites sont parallèles aux asymptotes de l'hyperbole.

Scolie III. Le cas où la surface gauche est coupée par un plan conduit suivant l'axe, est compris dans l'équation [4]. Pour l'en déduire, il faut supposer que le point B est placé en O, et que la ligne BX coïncide avec OZ : c'est à dire qu'on doit faire $b = 0$, et $\beta = 90°$. Alors en effet on retombe sur l'équation [1], $y^2 = x^2 \cot^2 \alpha + a^2$.

Sur l'hyperboloïde à une nappe et le paraboloïde hyperbolique.

71. **Théorème.** *L'hyperboloïde à une nappe peut être engendré de deux manières différentes par le mouvement d'une droite.*

D'après la définition (62), cette surface est décrite par une droite qu'on ferait glisser sur trois droites fixes qui ne sont point parallèles à un même plan. Désignons par A, B, C, ces trois directrices, et supposons que trois génératrices quelconques *a*, *b*, *c*, de la surface soient prises pour diriger le mouvement d'une droite mobile. La proposition qu'il faut démontrer, c'est que la nouvelle surface, ainsi décrite, est identique avec la surface donnée; et tout se réduit à faire voir qu'une génératrice prise à volonté sur l'une des surfaces est rencontrée en chacun de ses points par une génératrice de l'autre surface : car alors il sera évident qu'elle est tout entière sur cette dernière surface. J'établirai d'abord le lemme suivant.

Soit donné, dans un plan, tant de droites qu'on voudra, partant d'un même point A (fig. 22). *Coupez-les par une droite* CC'; *des points d'intersections* E, E', E'',... *menez des droites à un point quelconque* B, *situé dans le plan ou hors du plan des droites données; vuis*

supposez qu'on tire deux transversales NN″, PP″, *de manière qu'on ait la proportion* NN′ : PP′ : : N′N″ : P′P″.
Je dis qu'on aura la suite de rapports égaux

[1]   NN′ : PP′ : : N′N″ : P′P″ : : N″N‴ : P″P‴, etc.

Parallèlement à la transversale NN″ menez la droite AC qui coupe CC′ en C, et joignez BC. Prolongez NN″ jusqu'à sa rencontre D avec la même droite CC′, et menez parallèlement à BC la droite DQ, qui coupe les lignes BE, BE′, BE″,... en Q, Q′, Q″,... Enfin tirez AB, NQ, N′Q′,...

A cause des parallèles DN et CA, DQ et CB, on a ED : DC : : EN : NA : : EQ : OB; donc NQ est parallèle à AB. Un raisonnement semblable prouve que N′Q′, N″Q″,... sont aussi parallèles à AB.

Les droites NQ, N′Q′,... étant parallèles, on doit avoir la suite de rapports égaux

[2] NN′ : QQ′ : : N′N″ : Q′Q″ : : N″N‴ : Q″Q‴, etc.

Mais, par hypothèse, on a NN′ : PP′ : : N′N″ : P′P″; donc PP′ : QQ′ : : P′P″ : Q′Q″; donc la droite QQ″ est parallèle à PP″, et par conséquent on a

[3]   PP′ : QQ′ : : P′P″ : Q′Q″ : : P″P‴ : Q″Q‴, etc.

En comparant les suites [2] et [3], on obtient la suite [1] qui était à démontrer.

Passons actuellement au théorème proposé. Soient (fig. 23) AA′, BB′, CC′ les trois directrices de l'hyperboloïde, et ab, a′b′, a″b″ trois génératrices quelconques, qui coupent ces directrices aux points a, b, c, a′, b′, c′, a″, b″, c″. Considérons les trois lignes ab, a′b′, a″b″ comme les directrices d'une seconde surface gauche, et soit mm′ une droite qui les coupe

en m, m', m'' : la droite mm' sera une génératrice de
cette surface. Prenons à volonté un point o sur mm';
par ce point et par la ligne AA' conduisons un plan
$Ab''c'''$, qui rencontre les lignes BB' et CC' aux points
b'' et c'''; puis menons la droite $b''c'''$. Cette droite ira
couper AA' en quelque point a'', et par conséquent
elle sera une génératrice de la première surface : or
je vais faire voir qu'elle passe au point o.

Par la droite CC' conduisons les deux plans BCC',
ACC' : l'un parallèle à AA' et rencontrant BB' en B,
l'autre parallèle à BB' et rencontrant AA' en A; puis
tirons les droites Ac, Ac', Ac'', Ac''', Bc, Bc', Bc'', Bc'''.
Par les trois points m, m', m'', menons des parallèles
à la droite AA' : comme elles sont dans les plans
Aac, $Aa'c'$, $Aa''c''$, et que la ligne $mm'm''$ est droite, il
est clair qu'elles rencontrent les lignes Ac, Ac', Ac''
en trois points n, n', n'', qui sont aussi en ligne droite.
Par les mêmes points m, m', m'', menons encore des
parallèles à BB', lesquelles rencontrent les lignes Bc,
Bc', Bc'', dans les points p, p', p'', aussi en ligne droite.
Imaginons les plans nmp, $n'm'p'$, $n''m''p''$, qui coupent
CC' en q, q', q'', et qui déterminent les parallélo-
grammes $mnqp$, $m'n'q'p'$, $m''n''q''p''$. Soit n''' le point
d'intersection de nn' avec Ac'', et p''' celui de pp' avec
Bc'' : tirez $n'''q'''$ parallèle à nq, et joignez $p'''q'''$.

Cette construction bien comprise, les parallèles
donnent sur le champ mm' : $m'm''$ :: nn' : $n'n''$ :: pp'
: $p'p''$; donc, en vertu du lemme, on aura

$$nn' : n'n'' : n''n''' :: pp' : p'p'' : p''p'''.$$

Mais, à cause des parallèles $n'q'$, $n''q''$, $n'''q'''$, on a

$$n'n'' : n''n''' :: q'q'' : q''q''';$$

par conséquent on a aussi

$$p'p'' : p''p''' :: q'q'' : q''q''' ;$$

donc $p''q'''$ est parallèle à $p''q''$.

Achevons le parallélogramme $n'''q''p''m'''$ (on verra tout à l'heure pourquoi les lettres o et m''' sont placées sur le même point). Le côté $m'''n'''$ étant parallèle à mn doit être dans le plan des lignes mm', nn' ; et le côté $m'''p'''$ étant parallèle à mp doit être dans le plan des lignes mm', pp' : donc le point m''' est commun aux deux plans. Or, la droite mm' est l'intersection de ces plans ; donc le point m''' est sur la ligne mm'. Les lignes $m'''n'''$ et $m'''p'''$ sont aussi, respectivement, dans les plans $Ab''c''$ et $Bb''c''$, lesquels se coupent suivant $b''c''$; donc le point m''' appartient aussi à cette intersection ; donc il est commun aux droites mm' et $b''c''$.

D'après la construction, le plan $Ab''c''$ rencontre la droite mm' au point o ; donc les points o et m''' coïncident. Donc tous les points d'une génératrice prise sur l'une des surfaces gauches, doivent aussi appartenir à l'autre surface, ce qui revient à dire que les deux surfaces n'en font qu'une.

Scolie I. Il y a donc lieu à distinguer sur l'hyperboloïde, deux systèmes bien distincts de génératrices ; et, d'après la démonstration qui vient d'être développée, il est facile d'apercevoir que deux génératrices de systèmes différents sont toujours comprises dans un même plan. Mais elles ne le sont jamais quand elles appartiennent au même système : car, si alors elles étaient dans un même plan, comme elles sont rencontrées par toutes les génératrices de l'autre système, celles-ci seraient aussi dans ce plan, et la

surface serait plane ; donc les trois droites directrices
de la surface seraient dans un même plan, ce qui est
contraire à la définition de l'hyperboloïde (62).
Trois génératrices d'un même système ne peuvent
pas non plus être parallèles à un plan : car, si cela
était, la surface serait un paraboloïde. Voyez le
scolie II du n° 73.

Scolie II. Quand les directrices AA', BB', CC' sont
parallèles à un plan, auquel cas la surface, ainsi
qu'on vient de le dire, se change en un paraboloïde,
les deux plans qui ont été menés par CC', respectivement parallèles aux droites AA' et BB', se réduisent à un seul, et la démonstration précédente n'a
plus lieu. Cependant on verra tout à l'heure (73)
qu'alors le théorème subsiste encore.

72. **THÉORÈME.** *Avec les trois directrices d'un hyperboloïde à une nappe, on peut construire un parallélépipède dont trois arêtes sont situées sur ces directrices ;
et le centre de ce parallélépipède est aussi celui de l'hyperboloïde.*

Remarquons d'abord que deux droites étant données, non situées dans le même plan, on peut toujours
mener par chacune d'elles un plan parallèle à l'autre,
et que les deux plans ainsi déterminés sont parallèles
entre eux. Dès lors il est évident qu'on peut mener,
par chacune des trois directrices, deux plans respectivement parallèles aux deux autres, et qu'on aura
de cette manière six plans parallèles deux à deux,
qui formeront un parallélépipède. Les directrices
sont des arêtes de ce parallélépipède, car chacune
d'elles est commune à deux de ces plans.

Soient (fig. 24) AA′, BB′, CC′ les trois directrices avec lesquelles on a construit le parallélépipède. Les arêtes opposées BC′, CA′, AB′ sont des génératrices de l'hyperboloïde; car AB′, par exemple, rencontre les trois directrices, savoir : AA′ en A, BB′ en B′, et CC′ à l'infini. D'après le théorème précédent, on peut donc prendre ces trois arêtes pour directrices de l'hyperboloïde. Considérons une génératrice quelconque LM qui coupe les directrices du premier mode en L, M, N, et prenons, sur celles du second mode, BL′ = A′L, CM′ = B′M, B′N′ = CN : je dis que les points L′, M′, N′ sont en ligne droite.

La ligne BL′ étant égale et parallèle à A′L, les droites A′B et LL′ se coupent en deux parties égales ; donc le point O, milieu de la diagonale A′B, est aussi le milieu de LL′. De même, A′M′ étant égale et parallèle à BM, le milieu de la droite MM′ est au point O. Enfin, en menant la diagonale B′C et en observant que B′N′ est égale à CN, on verrait que la droite NN′ a aussi son milieu en O. Or, de ce que les lignes LL′, MM′, NN′ ont leur milieu en O, on conclut que la droite L′M′ est parallèle à LM, et la droite L′N′ parallèle à LN; donc la ligne M′L′N′ est une droite parallèle à MLN.

Maintenant, supposons que la génératrice LM ait été menée par un point quelconque P de l'hyperboloïde, et menons PO, dont le prolongement rencontre L′M′ en P′ : le point P′ sera sur la surface. Or, les triangles LOP et L′OP′ étant égaux, on a OP′ = OP ; donc toute droite menée par le point O, et terminée à la surface, a son milieu en G. Donc l'hyperboloïde

a le même centre que le parallélépipède construit sur
les trois directrices.

Scolie. La démonstration précédente prouve aussi
que toute génératrice prise dans un mode de génération a sa parallèle dans l'autre mode, que ces deux
droites sont dans un plan passant par le centre, et
qu'elles sont à égale distance de ce centre.

73. THÉORÈME. *Le paraboloïde hyperbolique peut
être engendré de deux manières par une droite.*

Ce paraboloïde est décrit par une droite qui s'appuie sur deux autres AB, CD (fig. 25), et qui reste
parallèle à un plan XY; par conséquent, en menant
des plans parallèles à XY, leurs intersections avec
les directrices détermineront des droites telles que
AC, BD, EF, qui seront des génératrices de la surface. Je mène un plan UV parallèle aux droites
AB et CD; je prends AC et BD pour directrices d'un
second paraboloïde, le plan UV pour plan directeur;
et je dis que ce paraboloïde est identique avec le
premier. Il faut donc démontrer qu'une génératrice
quelconque EF du premier est toujours rencontrée
par une génératrice du second, ou, ce qui revient
au même, que tout plan parallèle à UV coupe
AC, BD, EF, en trois points G, H, I, qui sont en
ligne droite.

Conduisez un plan par AB et AC : les plans pa-
rallèles à XY, qui déterminent les génératrices
BD, EF, de la première surface, rencontrent le plan
BAC suivant les droites BK, EM, parallèles à AC.
Pareillement les plans parallèles à UV, qui déter-
minent les génératrices CD, GH, de la seconde sur-

face, rencontrent le plan BAC suivant les droites CK, GL, parallèles à AB. Enfin, les intersections de ces deux plans avec les deux précédents sont les droites DK, FM, HL, IN, parallèles entre elles.

Cela posé, à cause des parallèles : on a

$$IN \;:\; FM \;::\; EN \;:\; EM,$$
$$FM \;:\; DK \;::\; CM \;:\; CK,$$
$$DK \;:\; HL \;::\; BK \;:\; BL.$$

Multipliez ces proportions par ordre, et observez que EN = BL et EM = BK. En simplifiant les rapports, il vient

$$IN \;:\; HL \;::\; CM \;:\; CK, \quad ou \;::\; GN \;:\; GL;$$

donc les points G, H, I sont en ligne droite. Donc les deux surfaces n'en font qu'une.

Scolie I. De la double génération du paraboloïde hyperbolique, il résulte qu'on peut mener deux droites sur cette surface, par chacun de ses points. Il en résulte encore que tout plan parallèle à deux génératrices d'un même mode coupe la surface suivant une droite.

Scolie II. Si on prend sur un paraboloïde hyperbolique trois génératrices d'un même mode, telles que AC, BD, EF, et qu'on s'en serve pour diriger le mouvement d'une droite, cette droite décrira une surface déterminée, qui ne peut être que le paraboloïde lui-même ; donc un paraboloïde hyperbolique peut être engendré par une droite qui glisse sur trois directrices parallèle à un plan.

Réciproquement, toute surface ainsi engendrée est un paraboloïde hyperbolique. En effet, supposez que

AC, BD, EF soient trois directrices parallèles au plan XY, et que AB et CD soient deux génératrices qui les coupent en A, B, E, et en C, D, F : menez le plan UV parallèle à ces deux génératrices, et ensuite, parallèlement à UV, un plan quelconque qui coupe les directrices en G, H, I. En faisant les mêmes constructions et les mêmes proportions que plus haut, on conclut encore que la ligne GHI est droite ; donc elle est une génératrice de la surface. Mais cette droite est parallèle au plan UV ; donc la surface est un paraboloïde hyperbolique.

Scolie III. Toutes les génératrices d'un même système étant parallèles à un plan, elles coupent chaque génératrice de l'autre en parties proportionnelles ; et de là il s'ensuit qu'on peut encore engendrer le paraboloïde hyperbolique en faisant glisser la ligne EF sur les directrices AB et CD de manière qu'on ait toujours l'égalité $\dfrac{AE}{BE} = \dfrac{CF}{DF}$.

Cette propriété a son analogue dans l'hyperboloïde à une nappe. Supposons que les droites AB, CD, GH (fig. 26), non parallèles à un même plan, soient les directrices d'un hyperboloïde. Prenons deux génératrices particulières ACG, BDH, et ensuite une génératrice quelconque EFI : en désignant par a une quantité constante, laquelle est déterminée pour chaque hyperboloïde, on devra avoir $\dfrac{AE}{BE} = \dfrac{CF}{DF} \times a$.

Pour démontrer cette proposition, on peut se servir du plan mené par la droite AB parallèlement à CD, lequel coupe GH au point Q. Toutes les con-

structions sont indiquées sur la figure, et je laisse au
lecteur le soin d'y appliquer le raisonnement.

Sur les plans tangents aux surfaces gauches.

74. THÉORÈME. *Si deux surfaces gauches ont une
génératrice commune et les mêmes plans tangents en
trois points de cette génératrice, elles se raccordent parfaitement : c'est à dire qu'elles ont le même plan tangent
en tout autre point de cette génératrice.*

Soient, sur la génératrice commune, les trois points
L, M, N (fig. 27), pour lesquels les plans tangents
sont les mêmes. Puisque le plan tangent au point L
est commun aux deux surfaces, en menant par ce
point un plan quelconque il les coupera suivant des
courbes LA et LA', qui auront pour tangente commune l'intersection LR de ce plan avec le plan tangent (48), et qui par conséquent, dans une portion
infiniment petite LL' de cette tangente, doivent être
regardées comme coïncidentes. Semblablement, en
menant un plan par le point M, on trouvera deux
courbes MB, MB', qui auront un élément commun
MM'; et, en menant un plan par le point N, deux
courbes NC, NC', qui auront aussi un élément commun NN'. En faisant glisser la droite LN, d'abord
sur les trois courbes LA, MB, NC, et ensuite sur les
trois courbes LA', MB', NC', on reproduit les deux
surfaces proposées; donc ces deux surfaces sont coïncidentes dans toute la partie comprise entre les génératrices infiniment voisines LN et L'N'; donc en chaque point de LN ces surfaces ont le même plan tangent (47).

Scolie. Si les deux surfaces gauches sont engen-

8

drées par une droite qui demeure parallèle au même plan, il suffit de deux plans tangents communs en deux points d'une même génératrice pour qu'il y ait raccordement. En effet, supposons ces conditions remplies, et, par chacun des deux points, menons un plan qui coupe les surfaces. On obtient ainsi, sur chaque surface, deux courbes qu'on peut prendre pour les deux directrices de cette surface, et qui ont respectivement un élément commun avec les courbes de l'autre surface ; donc, quand la génératrice parcourt ces éléments communs en restant parallèle au plan directeur, on peut la considérer comme étant sur les deux surfaces à la fois, et par conséquent ces surfaces se raccordent.

En général, pour déterminer le mouvement d'une droite qui décrit une surface gauche, trois conditions sont nécessaires. Si, pour deux surfaces gauches qui ont une génératrice commune, les trois conditions sont différentes, il faut trois plans tangents communs en trois points de cette génératrice pour que les surfaces se touchent dans les autres points de la génératrice commune. Mais, s'il y a une condition commune, deux plans tangents communs suffisent ; et s'il y a deux conditions communes, il n'en faut plus qu'un seul.

75. THÉORÈME. *Quand on doit construire un plan tangent en un point donné d'une surface gauche quelconque, on peut toujours remplacer cette surface par une surface gauche à directrices rectilignes, et alors la construction du plan tangent est facile.*

Soit donné une surface gauche quelconque,

une génératrice appartenant à cette surface, et un point, sur cette génératrice, par lequel on propose de mener un plan tangent à la surface. D'après le théorème précédent, on peut remplacer cette surface par toute autre surface gauche qui se raccordera avec elle suivant la génératrice donnée : c'est à dire que les deux surfaces doivent avoir trois plans tangents communs en trois points de cette génératrice. Et toutefois, les trois plans tangents communs ne sont nécessaires que dans le cas où, pour engendrer la nouvelle surface, on ne conserve aucune des trois conditions qui déterminent le mouvement de la génératrice de la première : car, si on ne change que deux conditions, deux plans tangents communs suffisent ; et même il n'en faut plus qu'un seul, si on ne change qu'une seule condition.

Il est évident qu'il existe une infinité de surfaces gauches à directrices rectilignes (hyperboloïdes et paraboloïdes) qui peuvent remplir les conditions du raccordement. Une fois le choix arrêté, la construction du plan tangent est facile. En effet, on sait qu'il est possible de mener par chaque point d'une pareille surface deux droites qui y soient situées tout entières (61, 73) ; et comme ces droites sont à elles-mêmes leurs propres tangentes, elles doivent être dans le plan tangent, qui dès lors se trouve déterminé.

Par exemple, supposons que les trois courbes LA, MB, NC (fig. 28) soient les directrices d'une surface gauche, que LM soit une génératrice qui les coupe en L, M, N, et qu'on demande le plan tangent au point G situé sur cette génératrice. Menez les tangentes LO, MP, NQ aux trois courbes, et prenez ces tangentes pour directrices d'une nouvelle surface gauche. En chacun des points L, M, N, le plan tangent sera le même pour les deux surfaces : car, au point L, par exemple, le plan tangent à chacune d'elles doit contenir la génératrice LM et la tangente LO. Donc il y a raccordement complet suivant LM ; donc le plan tangent en G est le même pour les deux surfaces.

Pour déterminer ce plan tangent, il suffira donc de chercher la seconde droite passant en G, qui est contenue sur la seconde surface. Comme on connaît déjà une génératrice LM de cette surface, on en construira deux autres OP et RS : alors, considérant les lignes LM, OP, RS comme directrices de cette surface, ce qui est permis (71, 73), on déterminera la génératrice GH qui les rencontre toutes les trois : le plan passant par les droites GL et GH sera le plan tangent demandé.

Il est bien clair maintenant qu'on peut choisir la surface auxiliaire d'une infinité de manières différentes, sans cesser de lui donner des droites pour directrices : car, au lieu des tangentes LO, MP, NQ, on peut prendre pour directrices trois droites quelconques menées respectivement, par les points L, M, N, dans les plans qui touchent la surface donnée en ces trois points. Le mieux, en général, est de prendre pour directrices les intersections de ces plans avec trois plans perpendiculaires à la génératrice LM. Alors la surface auxiliaire est un paraboloïde tout à fait déterminé (73, scolie II), et la construction du plan tangent se simplifie. Pour ne pas changer la figure, supposons que LO, MP, NQ soient les trois directrices perpendiculaires à LM. On cherchera une droite OP qui les coupe toutes trois ; et par le point G, perpendiculairement à LM, on mènera un plan, qui rencontrera OP en H. D'après une propriété connue (73, *scolie I*), on est assuré que la droite GH est sur le paraboloïde ; par conséquent le plan LGH est le plan tangent demandé.

Problèmes sur les plans tangents aux surfaces développables.

76. PROBLÈME I. *Connaissant la trace horizontale d'un cylindre et la direction des génératrices, trouver le plan tangent en un point donné sur ce cylindre.*

Soit *aecf* (prob. 2° part. fig. I) la trace horizontale du cylindre, c'est à dire la courbe suivant laquelle il rencontre le plan horizontal. Pour rendre les constructions plus faciles, je supposerai que cette courbe est un cercle ; mais l'explication n'en sera pas moins générale.

Puisque la direction des génératrices est donnée, on peut mener à la courbe *aecf* les tangentes *ab*, *cd*, parallèles à la projection horizontale des génératrices ; ces tangentes seront la limite de la projection horizontale du cylindre, car il est évident que toutes les génératrices doivent se projeter entre ces deux lignes. Menons les tangentes *ee'*, *ff'*, perpendiculaires à *xy*, et les droites *e'g'*, *f'h'* parallèles à la projection verticale des génératrices : il est clair encore que ces dernières droites seront les limites de la projection verticale du cylindre.

Maintenant supposons qu'on donne l'une des projections d'un point du cylindre, la projection hori-

zontale *m* par exemple, et déterminons l'autre projection. A cet effet, on mène par le point *m* un plan
vertical parallèle aux génératrices, lequel ne peut
couper le cylindre que suivant une ou plusieurs génératrices : les intersections de ces génératrices avec
la verticale élevée par le point *m* donnent les points
de la surface qui sont projetés en *m*. Les traces de ce
plan sont la droite *mq* menée parallèle à *ab* par le
point *m*, et la droite *qq'* perpendiculaire à *xy*. La
première rencontrant la courbe *aecf* en *i* et en *k*, il
s'ensuit que le plan coupe le cylindre suivant deux
génératrices, qui ont toutes deux leur projection
horizontale dirigée suivant *mq*, et dont les projections verticales s'obtiendront en abaissant les perpendiculaires *ii'*, *kk'*, sur *xy*, et en menant les parallèles *i'q'*, *k'q''*, à *f'h'*. Alors on mène la ligne *mm'*
perpendiculaire aussi à *xy*; et les points *m'* et *m''*, où
elle rencontre les lignes *i'q'* et *k'q''*, sont les projections verticales des points du cylindre qui répondent
à la projection horizontale *m*.

Cela posé, supposons qu'on demande le plan tangent au point [*m*, *m'*]. On remarque d'abord que ce
plan doit contenir la génératrice [*im*, *i'm'*], dont les
traces sont *i* et *q'*; et, ensuite, qu'il doit être tangent
au cylindre en chaque point de cette génératrice (56).
Or, le plan tangent à une surface doit contenir les
tangentes à toutes les courbes tracées sur cette surface par le point de contact : donc, si on mène la
tangente *it* à la courbe *aec*, elle sera dans le plan
tangent cherché; et comme elle est dans le plan horizontal, elle est la trace horizontale du plan tangent.
Prolongez *it* jusqu'à sa rencontre *α* avec *xy*, et tirez

$\alpha q'$: la droite $\alpha q'$ sera la trace verticale de ce plan.

Remarques. Quelquefois le point q' est très éloigné et serait peu commode pour déterminer $\alpha q'$. Dans ce cas, on prend un point de la génératrice [$im, i'm'$], le point [m, m'] par exemple ; et on conçoit par ce point une parallèle à la trace horizontale $t\alpha$. Cette parallèle a pour projections mr parallèle à $t\alpha$, et $m'r'$ parallèle à xy ; et comme elle est dans le plan tangent, sa trace verticale r' appartient à la trace verticale de ce plan. Donc le point r' peut servir à déterminer cette dernière trace, ou à la vérifier si elle est déjà connue. On pourrait encore, pour le même objet, mener une parallèle aux génératrices par un point quelconque de la trace horizontale $t\alpha$.

Si on menait un second plan tangent au cylindre, il y aurait alors une nouvelle vérification ; c'est que son intersection avec le premier devrait être parallèle aux génératrices. Cette propriété résulte de ce que chaque plan tangent contient une génératrice, et que toutes les génératrices sont parallèles entre elles (*Introd.* 23). Dans l'épure, on a déterminé le plan tangent au point [m, m'] : ses traces sont $t\beta$ et $\beta q''$; les projections de son intersection avec l'autre plan tangent sont les droites tu et $t'u'$, lesquelles doivent être parallèles à ab et $f'h'$.

La manière dont on a déterminé les projections m', m'', qui correspondent à la projection horizontale m, doit être remarquée, parce qu'elle peut servir à construire les intersections d'un cylindre par une droite quelconque. Il est clair en effet que si on mène par cette droite un plan parallèle aux génératrices, la trace horizontale de ce plan doit rencontrer celle du cy-

lindre en des points qui appartiennent aux généra
trices suivant lesquelles le plan coupe le cylindre.
Dès lors il est facile d'avoir les projections de ces
génératrices, et par suite celles des points cherchés.

77. PROBLÈME II. *Mener un plan tangent à un cylindre par un point extérieur.*

Un plan tangent à un cylindre doit contenir une
génératrice, et, dans le problème précédent, on a vu
que sa trace horizontale est tangente à celle du
cylindre; donc, si on imagine, par le point donné,
une droite parallèle aux génératrices, elle sera tout
entière dans le plan; et si après avoir construit les
traces horizontale et verticale de cette parallèle, on
mène, par la première, des tangentes à la trace horizontale du cylindre, ces tangentes seront les traces
horizontales des plans tangents qui passent par le
point donné. Ensuite, pour avoir leurs traces verticales, on joindra la trace verticale de la même parallèle avec les points où la ligne de terre est rencontrée
par les traces horizontales de ces plans.

Les détails de construction sont représentés dans
la figure II. Les projections du cylindre y sont tracées comme dans la précédente; les projections du
point donné sont *m* et *m'*, celles de la parallèle à la
génératrice sont *mt* et *m't*, et les traces de cette parallèle sont *t* et *u'* : par conséquent les tangentes
tα, *tβ*, menées à la trace horizontale du cylindre,
seront les traces horizontales des plans tangents, et
les droites *αu'*, *βu'* en seront les traces verticales.

Remarque. Pour avoir des vérifications, on a mené
par le point donné des parallèles aux traces horizon-

tales $t\alpha$ et $t\beta$: les points r' et s', où ces parallèles percent le plan vertical, doivent se trouver sur les traces verticales $\alpha u'$ et $\beta u'$. Les génératrices suivant lesquelles les deux plans touchent le cylindre fournissent aussi des vérifications. L'une d'elles, qui a pour projections ip et $i'p'$, rencontre le plan vertical en p'; et l'autre, qui a pour projections kq et $k'q'$, les rencontre en q'. Or, il est évident que la trace $\alpha u'$, doit passer au point p', et la trace $\beta u'$ au point q'.

78. PROBLÈME III. *Mener à un cylindre un plan tangent parallèle à une droite donnée.*

Un plan tangent parallèle à une droite donnée doit contenir une génératrice du cylindre et une parallèle à la droite donnée; donc, si on mène par un point de cette droite une parallèle aux génératrices, le plan tangent sera parallèle au plan déterminé par ces deux droites. En conséquence, on construira les traces de ce dernier plan; on mènera, parallèlement à sa trace horizontale, des tangentes à la trace horizontale du cylindre; et ces tangentes seront les traces horizontales des plans tangents qui satisfont au problème. Quant aux traces verticales, elles sont faciles à construire, puisqu'on connaît les points où elles coupent la ligne de terre et une droite à laquelle elles sont parallèles.

Dans la fig. III, le point $[o, o']$, pris sur la droite donnée, est celui par lequel on a mené une parallèle aux génératrices du cylindre; et les traces du plan passant par ces deux lignes sont γv et $\gamma v'$. Parallèlement à la trace horizontale γv on a mené les tangentes $r\alpha$ et $s\beta$; et, parallèlement à la trace verticale $\gamma v'$, on a mené les droites $\alpha r'$ et $\beta s'$. Les plans $r\alpha r'$, $s\beta s'$, sont les plans tangents cherchés.

Comme vérification, on remarquera que les génératrices $[ip, i'p']$ et $[kq, k'q']$ doivent rencontrer le plan vertical sur les traces $\alpha r'$ et $\beta s'$.

79. PROBLÈME IV. *Connaissant la trace horizontale d'un cône et les projections du sommet, trouver le plan tangent en un point donné sur la surface.*

La marche à suivre est la même que pour le cylindre. Soit acd (fig. IV) la base ou trace horizontale du cône, et o, o' les projections du sommet. Pour avoir les limites entre lesquelles se projettent toutes les génératrices de la surface, on mène dans le plan horizontal les tangentes oa et ob; puis, après avoir mené aussi les tangentes oc', dd'', perpendiculaires à xy, on tire dans le plan vertical les droites $o'c'$, $o'd'$.

Commençons par déterminer les points de la surface qui correspondent à une projection donnée, par exemple à la projection verticale m'. Menons la droite $o'm'$ qui coupe xy en e', et élevons $e'e$ perpendiculaire à xy : les droites $o'e'$ et $e'e$ sont les traces d'un plan qui est perpendiculaire au plan vertical, qui contient les points cherchés, et qui passe au sommet du cône. Ce plan ne peut rencontrer le cône que suivant des génératrices; et comme sa trace horizontale $e'e$ rencontre la base acd aux points e et f, il est évident que les projections horizontales de ces génératrices sont oe et of. Il est facile alors de trouver les projections horizontales m et n des points cherchés.

Supposons qu'on veuille avoir le plan tangent au point $[m, m']$. On remarquera que ce plan doit conte

nir la génératrice [*oe*,*o'e'*], et être tangent au cône
dans toute l'étendue de cette ligne (56). Donc, si on
mène la tangente *tα* au point *e*, et si ensuite on joint le
point *α* au point *p'* où la génératrice perce le plan vertical, les traces du plan tangent seront *tα* et *αp'*.   /α

Remarques. Les observations à faire ici sont les
mêmes qu'à l'égard du cylindre. D'abord, si d'un
point quelconque de la génératrice [*oe*,*o'e'*], du sommet par exemple, on mène une parallèle à la trace
eα, le point *r'* où elle perce le plan vertical doit être
sur la trace *αp'*. Ensuite, si on construit le plan tangent au point [*n*,*m'*], son intersection avec le premier
devra passer au sommet du cône, et par suite les projections *tu* et *t'u'* de cette intersection devront passer
l'une au point *o*, et l'autre au point *o'*.

Pour avoir les points d'un cône qui répondent à
une projection donnée, ou, ce qui est la même chose,
pour trouver les intersections d'un cône, avec une
droite perpendiculaire à l'un des plans de projection,
nous avons employé plus haut une construction qu'on
peut appliquer à une droite quelconque. C'est à dire
que par cette droite et par le sommet on fait passer
un plan qui coupe le cône suivant une ou plusieurs
génératrices, et qu'on prend les intersections de ces
génératrices avec la droite donnée.

80. PROBLÈME V. *Mener un plan tangent à un cône
par un point extérieur.*

Tout plan tangent à un cône passe par le sommet
et a pour trace horizontale une tangente à la base. En
conséquence, on joindra le point donné avec le sommet par une droite, puis on mènera, du point où cette

droite perce le plan horizontal, des tangentes à la
base du cône; et ces tangentes seront les traces horizontales des plans tangents demandés. Pour avoir
leurs traces verticales, il n'y a qu'à unir la trace verticale de la même droite avec les points où les tangentes à la base rencontrent la ligne de terre.

Sur l'épure (fig. V) les projections du sommet sont
o, o'; celles du point donné sont m, m'; celles de la
droite qui passe par ces deux points sont $om, o'm'$; les
traces de cette droite sont t et u'; et enfin les plans
tangents sont $t x u'$, $t \beta u'$.

Pour vérification, on a cherché les traces verticales,
p' et q', des génératrices de contact, et aussi les traces
verticales, r' et s', des parallèles, menées par le point
donné, aux traces horizontales des deux plans tangents.

81. PROBLÈME VI. *Mener un plan tangent à un cône
parallèlement à une droite donnée.*

Le plan tangent devant passer par le sommet du
cône et être parallèle à une droite donnée, contient
la parallèle menée à cette droite par le sommet. Ce
peu de mots suffisent pour montrer qu'après avoir
tracé (fig. VI) les projections ot, $o't'$, de cette parallèle, les constructions à effectuer sont exactement les
mêmes que dans le problème précédent. Elles sont
toutes représentées sur l'épure.

Problèmes sur les plans tangents aux surfaces de révolution.

82. PROBLÈME VII. *Étant donné l'axe et le méridien
d'une surface de révolution, mener le plan tangent à un
point de la surface.*

Dans cette question et les suivantes, j'adopterai
pour les données les dispositions que je vais faire connaître. Pour plus de simplicité, je prendrai l'axe de
révolution perpendiculaire au plan horizontal
(fig. VII) : alors sa projection horizontale est un point
unique a, et sa projection verticale $a'a''$ est perpendiculaire à xy. Concevons qu'un plan parallèle au
plan vertical soit conduit par l'axe, il coupera la surface suivant un méridien qui se projette en vraie grandeur sur le plan vertical : c'est la courbe $n'b'n''$, que
nous supposons connue. La projection horizontale de
cette courbe se confond avec la trace horizontale du
plan qui la contient; cette trace est la droite uv, parallèle à xy et passant au point a. Sur la figure, la
courbe $n'b'n''$ est une ellipse, et le cercle décrit du
centre a avec le rayon ab est la projection horizontale du parallèle décrit par le petit axe.

Il faut d'abord expliquer, ainsi qu'on l'a fait pour
les cylindres et les cônes, comment on détermine les
points de la surface qui ont pour projection un point
donné du plan horizontal ou du plan vertical. Soit
m cette projection, que nous prenons sur le plan horizontal : il est évident que le plan vertical qui a pour
trace la droite tr, menée par les points a et m, coupe
la surface suivant un méridien égal à $n'b'n''$, et que les
points de la surface projetés en m appartiennent à ce
méridien. Pour les déterminer facilement, faisons
tourner le plan de cette courbe autour de l'axe jusqu'à ce qu'il soit parallèle au plan vertical. Alors la
courbe sera projetée sur $n'b'n''$, la trace tr se confon-
dra avec uv, le point m, après avoir décrit un arc de
cercle autour du centre a, sera placé en n sur uv, et

par suite les intersections n' et n'' de la courbe $n'b'n''$
avec la ligne de projection nn' seront les projections
verticales des points cherchés, considérés dans leurs
nouvelles positions. Pendant la rotation ces points
sont restés à la même hauteur audessus du plan horizontal; donc leurs véritables projections doivent être
sur les horizontales $n'm'$, $n''m''$; donc enfin elles sont
aux intersections m' et m'' de ces horizontales avec la
ligne de projection mm' (*).

Actuellement proposons-nous de trouver le plan
tangent au point $[m,m']$. Il doit contenir les deux
tangentes menées en ce point, l'une au parallèle
l'autre au méridien, et par là il est facile à déterminer. La première tangente est horizontale; elle a pour
projections les droites $m'p'$ et mp, dont l'une est parallèle à xy, et l'autre perpendiculaire à am; et elle
rencontre le plan vertical en p'. De là on conclut que
la trace horizontale du plan tangent est parallèle à
mp, et que sa trace verticale passe au point p'

Pour avoir la tangente au méridien du point de
contact, on mène d'abord la tangente $n'q'$ à la courbe
$n'b'n''$. Les droites uv, $n'q'$ sont les projections de la
tangente au point $[n,n']$ du méridien an (**); et cette
tangente rencontre le plan horizontal au point q. Or,
quand on revient du méridien an au méridien am, le
point q décrit un arc de cercle autour du centre a e

_____

(*) Si, au lieu de la projection horizontale m, on eût pris pour
donnée la projection verticale m', la construction eût été encore
plus simple : car alors on connaît sur le champ le parallèle qui contient les points correspondants de la surface.

(**) Par le méridien an, il faut entendre celui qui est situé dans
le plan vertical élevé suivant an.

vient se placer en *r*; donc le point *r* est le pied de la
tangente menée par le point [*m,m'*] au méridien de
ce point; donc la trace horizontale du plan tangent
passe en *r*. On a vu plus haut qu'elle doit être parallèle à *mp* et que la trace verticale doit passer en *p'*;
donc, en menant la parallèle *rα* à *mp* et en tirant *αp'*,
le plan tangent sera *rαp'*.

Remarques. Il n'a pas été nécessaire de chercher
les projections de la dernière tangente; mais il est facile de les avoir. En effet, lorsqu'on revient au méridien *am*, comme la tangente au point [*n,n'*] rencontre toujours l'axe de révolution au même point,
la projection verticale de cette tangente doit toujours
passer au même point *a'* de la ligne *a'a"*; donc, en
tirant une droite par les points *m'* et *a'*, les lignes *am*
et *a'm'* seront les projections de la seconde tangente.
On peut employer ces projections pour déterminer
les traces de cette tangente, lesquelles devront être
sur les traces du plan tangent *rαp'* et pourront servir
à les vérifier.

Que si on demande le plan tangent au point
[*m,m"*], il y aura à faire des constructions analogues.
Après les avoir effectuées, on remarquera que les deux
tangentes au méridien *am* doivent se couper à la
même hauteur que les tangentes aux points *n'* et *n"* de
la courbe *n'b'n"*, et que par suite les plans tangents
eux-mêmes se coupent suivant une horizontale située
à cette hauteur. Ainsi on aurait encore ces vérifications : que l'intersection des tangentes en *n'* et *n"*,
celle des projections verticales des tangentes au méridien *am*, et celle des traces verticales des plans

tangents, sont trois points situés sur une même parallèle à xy.

83. PROBLÈME VIII. *Mener à une surface de révolution un plan tangent parallèle à un plan donné.*

Tout plan tangent à une surface de révolution doit être perpendiculaire au plan du méridien qui passe au point de contact (59), et contenir la tangente menée par ce point à ce même méridien. Or, le plan tangent demandé doit être parallèle à un plan donné ; donc, si on conduit par l'axe de révolution un plan perpendiculaire au plan donné, il coupera la surface suivant le méridien sur lequel est situé le point de contact, et en même temps il coupera le plan donné suivant une droite à laquelle doit être parallèle la tangente au méridien. De là résulte la solution du problème proposé. D'abord, par l'axe de révolution et perpendiculairement au plan donné, on conduit un plan qui coupe le plan donné suivant une droite, et la surface suivant un méridien ; ensuite, on mène à ce méridien des tangentes parallèles à cette droite ; puis enfin, on mène par ces tangentes des plans perpendiculaires au plan méridien, lesquels seront les plans tangents cherchés.

Les données relatives à la surface étant disposées comme dans le problème VII, supposons que le plan donné soit $b\alpha b'$ (fig. VIII). La perpendiculaire ac, abaissée sur $b\alpha$, est la trace du plan méridien qui contient les points de contact. Ce plan coupe le plan $b\alpha b'$ suivant une droite qui passe en c, et dont je vais chercher un second point. A cet effet, par un point quelconque $[d, d']$ appartenant à la trace $\alpha b'$, j'imagine une parallèle [*de*,*d'e'*] à la trace *b*α : l'intersection *e*, de *ac* avec *de*, est la projection horizontale d'un second point de la droite dont il s'agit. Si alors on fait tourner le plan méridien *ac* autour de l'axe, pour le rendre parallèle au plan vertical, il sera facile d'avoir les positions *f* et *g* que viennent prendre les points *c* et *e* ; et par suite la projection verticale, *f' g'*, de la droite dans sa nouvelle position.

Concevons qu'avant la rotation on ait mené, parallèlement à cette droite, des tangentes au méridien situé dans le plan *ac*. Pour avoir leurs projections verticales après le déplacement du plan *ac*, il suffit de mener à la courbe *h'a'k'*, donnée dans le plan vertical, les tangentes *h'i'*, *k'l'*, parallèles à *f'g'*. Quant à leurs projections horizontales elles sont alors sur *uv* ; et leurs traces horizontales sont aussi sur *uv* en *i* et *l*. Lorsqu'on remet le méridien et les tangentes dans leur vraie position, ces points se placent sur *ac* en *p* et *q* : or, les plans tangents demandés doivent contenir les tangentes dont les traces horizontales sont *p* et *q*, et de plus ils doivent être parallèles au plan *b*α*b'* ; donc, si on tire *p*β, *q*γ, parallèles à *b*α, et ensuite β*p'*, γ*q'*, parallèles à α*b'*, les plans tangents seront *p*β*p'*, *q*γ*q'*.

Quant aux points de contact, on remarquera qu'après la rotation leurs projections verticales *h'*, *k'* sont connues ; et de là il est facile de revenir aux vraies projections de ces points, lesquelles sont *m* et *m'*, *n* et *n'*. Alors on peut avoir des vérifications en menant, par ces points, des horizontales parallèles à *b*α, lesquelles doivent percer le plan vertical en des points *r'* et *s'*, placés sur les traces β*p'* et γ*q'*.

9

84. PROBLÈME IX. *Par un point donné hors d'une surface de révolution, mener un plan tangent à cette surface de manière que le contact ait lieu sur un parallèle donné.*

Le moyen de solution consiste à remplacer la surface de révolution par une autre surface qui la touche dans tous les points du parallèle donné, et pour laquelle le problème soit facile à résoudre. Pour remplir ces conditions, on peut choisir un cône ou une sphère, ce qui donne lieu à deux solutions.

Première solution (fig. IX). Imaginons qu'une tangente soit menée à un méridien par un point du parallèle donné, et qu'elle tourne en même temps que ce méridien autour de l'axe de révolution. Il est évident qu'elle engendre un cône droit qui contient le parallèle donné : or, je dis qu'en chaque point de ce parallèle le plan tangent est le même pour le cône que pour la surface donnée. En effet, pour qu'un plan passant par un point du parallèle soit tangent au cône, il doit contenir la tangente à ce parallèle et une génératrice du cône : or, pour être tangent à la surface donnée, il doit contenir la tangente au même parallèle, et la tangente au méridien, laquelle n'est autre que la génératrice du cône ; donc les deux plans tangents n'en font qu'un seul. Ainsi, il ne s'agit que de mener un plan tangent au cône par le point donné, et ce problème est déjà connu (80).

Mais dans la solution exposée au numéro cité, on se sert de la droite qui passe par le sommet du cône et par le point donné, et comme il peut arriver que ce sommet soit fort éloigné sur l'axe, il sera bon d'apprendre à s'en passer. C'est ce qu'on fera en remarquant que le plan horizontal mené par le point donné rencontre le cône suivant un cercle, et ses plans tangents suivant des tangentes à ce cercle : de sorte qu'en menant par le point donné deux tangentes à ce cercle, et ensuite un plan par chacune de ces tangentes et par la génératrice correspondante du cône, on aura les deux plans tangents qui satisfont à l'énoncé. Les constructions à effectuer sont maintenant faciles à suivre.

Soient d et d' les projections du point donné, et bmc, $b'c'$, celles du parallèle donné. Je mène la tangente $b'e'$, qui est la projection verticale de la génératrice du cône auxiliaire, et l'horizontale $d'e'$, qui est la trace verticale du plan horizontal passant par le point donné. Je détermine les projections e, e', du point où la génératrice rencontre ce plan ; je décris un cercle avec le rayon ae, et je lui mène les tangentes dg et dh, ou plutôt, sur ad, comme diamètre, je trace un cercle, lequel coupe le premier aux points de contact g et h, dont on a besoin. Ces points sont en effet les projections horizontales de deux points appartenant aux génératrices de contact des plans tangents avec le cône ; et par suite les projections horizontales de ces génératrices sont les droites ag et ah. Il est visible alors que les intersections m et n, de ces droites avec la projection bmc du parallèle donné, sont les projections horizontales des points de contact de la surface donnée avec les plans tangents demandés. Ensuite on trouve facilement les projections verticales m' et n' de ces points.

Revenons à la détermination des plans tangents. La trace horizontale de la tangente projetée en $b'e'$

est *p*, et, pendant que cette tangente engendre le
cône, le point *p* décrit autour du centre *a* un cercle
qui coupe *ag* en *q*, et *ah* en *r*; d'où je conclus que
les points *q* et *r* sont les traces horizontales des génératrices suivant lesquelles les plans tangents touchent le cône auxiliaire. D'ailleurs, ces plans tangents
doivent contenir les tangentes horizontales projetées
en *dg* et *dh*. En conséquence, on construira les traces
verticales *i'* et *k'* de ces tangentes, on mènera les
lignes *qα* et *rβ* respectivement parallèles à ces tangentes, puis on tirera les droites *αi'* et *βk'*; et alors
les plans tangents demandés seront *qαi'* et *rβk'* (*).

85. *Seconde solution* (fig. IX). Au lieu d'un cône,
on peut se servir d'une sphère qui, en chaque point
du parallèle donné, ait même plan tangent que la
surface. Pour remplir cette condition, on mène par
un point de ce parallèle la tangente et la normale au
méridien qui passe en ce point; et la portion de la
normale comprise entre l'axe et la surface, sera le
rayon de la sphère auxiliaire. Il est clair, en effet,
que si on fait tourner en même temps le cercle et le
méridien autour de l'axe, le point qui leur est commun décrit le parallèle donné, et qu'en chaque point
de ce parallèle ils ont une tangente commune : or,
le plan tangent à chaque surface doit contenir cette

(*) Les constructions qu'on vient d'expliquer peuvent encore
être présentées d'une manière fort simple comme il suit. Menez
en un point quelconque du parallèle donné un plan tangent à la
surface de révolution; faites tourner, autour de l'axe, le méridien auquel ce plan est perpendiculaire, et imaginez qu'il em-
porte avec lui le plan tangent. Il sera facile de trouver la position
de ce dernier plan dans laquelle il passe au point donné, et alors
le problème sera résolu.

tangente, et aussi la tangente au parallèle : donc il
est le même pour les deux surfaces. La question est
donc réduite à mener par le point donné un plan qui
touche la sphère sur le parallèle donné.

Menons une droite du centre de la sphère au point
donné ; par cette droite conduisons un plan qui coupe
la sphère suivant un grand cercle ; du point donné
menons des tangentes à ce cercle ; et enfin, concevons que ce cercle et les deux tangentes tournent autour de la droite qui joint le centre au point donné.
Il est clair que les points de contact décrivent un
cercle dont le plan est perpendiculaire à cette droite,
et sur lequel se trouvent les points de contact de tous
les plans tangents qu'on peut mener à la sphère par
le point donné ; donc les points où ce plan rencontre
le parallèle donné sont les points de contact des plans
tangents cherchés. Ces points une fois connus, les
plans tangents sont faciles à déterminer.

Supposons que le cercle générateur de la sphère
auxiliaire soit tracé dans le méridien *bc*. Pour avoir
sa projection verticale, il suffit de mener la normale
b'o' et de décrire un cercle du centre *o'* avec le
rayon *o'b'*. Le plan vertical élevé par la droite *ad*
contient le point donné [*d,d'*] et un grand cercle
de la sphère ; et, si de ce point on mène deux tangentes à ce cercle, le plan conduit par les deux
points de contact, perpendiculairement au plan des
tangentes, est celui qui, par son intersection avec le
parallèle donné, détermine les points de contact
dont il faut trouver les projections. Pour y parvenir,
faisons tourner le plan des tangentes autour de l'axe,
afin de l'amener à être parallèle au plan vertical.

Alors le cercle $o'b'$ est la projection verticale du grand cercle ; on obtient celles du point donné $[d,d']$, dans sa nouvelle position, en décrivant l'arc $d\delta$, en menant l'horizontale $d\delta'$, et en élevant la perpendiculaire $\delta\delta'$ à xy ; enfin, les projections des tangentes seront les droites $\delta'\lambda'$ et $\delta'\lambda''$, tangentes au cercle $o'b'$.

Si le point donné avait réellement pour projections les points δ et δ', il est clair que le plan conduit par la corde $\lambda'\lambda''$, perpendiculairement au plan vertical de projection, serait celui dont il faut prendre les intersections avec le parallèle donné. Il est clair aussi que ces intersections seraient projetées verticalement à la rencontre ε' de $\lambda'\lambda''$ avec $b'c'$, et horizontalement aux points de rencontre μ et ν, de la circonférence ab avec la ligne de projection $\mu\varepsilon'$: de sorte que les points cherchés seraient projetés, l'un en μ et ε', l'autre en ν et ε'. Il ne s'agit donc plus que de trouver ce que deviennent ces points quand on ramène le plan des tangentes à sa véritable position. Or, dans ce mouvement rétrograde, la droite qui unit ces points ne cesse pas d'être dans le parallèle donné, et d'être coupée perpendiculairement en son milieu par le plan des tangentes ; donc la projection horizontale de cette droite s'obtient en menant la corde mn perpendiculaire à ad, et à la même distance du centre que $\mu\nu$. De cette manière, on a les projections horizontales m et n des points de contact de la surface avec les plans cherchés, et on en conclut ensuite les projections verticales m' et n'.

Puisque les points de contact sont connus, la détermination des plans tangents rentre dans une question déjà résolue (82). Mais comme ces plans doivent

être tangents à la sphère, on peut encore les déterminer en menant par le point [*d,d'*] deux plans respectivement perpendiculaires aux rayons [*am,o'm'*]
et [*an,o'n'*]. Ces constructions sont suffisamment indiquées par la figure.

86. Problème X. *Par un point donné hors d'une
surface de révolution, mener un plan qui soit tangent à
cette surface sur un méridien donné.*

Imaginons un cylindre engendré par une droite
qui se meut sur le méridien donné, en restant toujours
perpendiculaire au plan de ce méridien. En chaque
point du méridien, le plan tangent est le même pour
les deux surfaces. En effet, le plan tangent à la surface donnée contient la tangente au méridien et la
tangente à un parallèle ; le plan tangent au cylindre
contient une génératrice de ce cylindre, et aussi la
tangente au méridien : or la génératrice, étant perpendiculaire au plan du méridien, n'est autre chose
que la tangente au parallèle ; donc les deux plans
tangents n'en font qu'un. Ainsi, il ne s'agit que de
conduire par le point donné des plans tangents au
cylindre (77). En conséquence, on mènera par ce
point une parallèle aux génératrices du cylindre ; du
point où elle rencontre le plan du méridien, on mènera des tangentes à ce méridien ; puis on fera passer
des plans par cette parallèle et par chacune des tangentes. Ces plans seront les plans tangents cherchés.

Soient *d* et *d'* (fig. X) les projections du point donné, et *aq* la trace du plan vertical qui renferme le
méridien donné. Les génératrices du cylindre auxiliaire devant être perpendiculaires à ce plan, les pro-

jections de la parallèle menée à ces génératrices par
le point donné seront les lignes *dg* et *d'g'*, l'une perpendiculaire à *aq*, et l'autre parallèle à *xy*. Le point
g est la projection horizontale du point où cette parallèle rencontre le plan du méridien, et par lequel
on doit mener des tangentes à ce méridien.

Faisons tourner ce plan autour de l'axe de révolution pour le rendre parallèle au plan vertical. Dans
ce mouvement, le point *g* se porte en *e* ; et comme le
point d'où partent les tangentes ne change pas de
hauteur, sa projection verticale sera en *e'*, à la rencontre de *d'g'* avec la ligne de projection *ee'*. Par
suite, les projections verticales des tangentes seront
les tangentes *e'b'* et *e'c'* ; et celles des points de contact seront *b'* et *c'*, d'où l'on conclut les projections
horizontales *b* et *c*. Il faut maintenant ramener le
méridien à sa position primitive ; et comme les points
de contact décrivent des arcs horizontaux, il n'y a
aucune difficulté à obtenir les projections qui répondent à la véritable situation de ces points. Celles du
premier sont *m* et *m'*, et celles du second sont *n* et *n'*.
Quant aux plans tangents, leur détermination est
également facile, puisqu'on connaît les points de
contact : c'est le problème VII (82).

87. PROBLÈME XI. *Mener parallèlement à une
droite donnée, un plan qui soit tangent à une surface
de révolution sur un parallèle donné.*

Ici, comme dans le problème IX (84), on remplace
la surface de révolution par un cône ou par une
sphère, qui ait les mêmes plans tangents que cette
surface dans tous les points du parallèle donné.

Première solution (fig. XI). Soit *d'e'* la projection verticale du parallèle donné. La tangente *d'p'* sera la projection verticale de la génératrice d'un cône droit qui a même axe que la surface, et qui a avec elle les mêmes plans tangents dans toute l'étendue du parallèle *d'e'*. Ainsi, la question est réduite à mener des plans tangents à ce cône parallèlement à la droite donnée ; et, suivant ce qui a été dit n° 81, on y parvient en menant d'abord par le sommet du cône une parallèle à la droite donnée, et ensuite, par la trace horizontale de cette parallèle, des tangentes à la trace horizontale du cône. Mais le sommet du cône pouvant être fort éloigné, on obvie à cet inconvénient en faisant glisser le cône, sans le faire tourner, de façon que son sommet aille se placer en tel point de l'axe qu'on jugera commode. Après ce déplacement, les plans tangents sont encore parallèles à la droite donnée, et les génératrices de contact ont les mêmes projections horizontales : or, il suffit de connaitre ces projections pour que le problème soit résolu.

Plaçons le sommet du cône au point [*a*, *a'*]. Si on mène les droites *af*, *a'f'*, respectivement parallèles à *xy* et à *d'p'*, on aura les projections de la génératrice ; et si ensuite on construit la trace horizontale *f* de cette génératrice, la base du cône sera le cercle décrit du centre *a* avec le rayon *af*. Soient *bc* et *b'c'* les projections de la droite donnée, *at* et *a't'* celles de la parallèle menée par le sommet du cône, et *t* la trace horizontale de cette parallèle. On mènera les tangentes *tg* et *th*, ou plutôt on décrira sur le diamètre *at* un cercle qui rencontre la base du cône en *g* et *h* ; puis on tirera les droites *ag* et *ah* : ces droites seront les projections horizontales des génératrices suivant lesquelles le cône est touché par les plans tangents parallèles à la droite donnée. D'après ce qui a été expliqué plus haut, ces projections contiennent celles des points de contact qui sont à déterminer sur le parallèle donné. Or ce parallèle a pour projection horizontale le cercle *ad*; donc les intersections *m* et *n* sont les projections horizontales des points de contact cherchés, et on en conclut sur le champ les projections verticales *m'* et *n'*.

Il n'y a plus qu'à déterminer les plans tangents en ces deux points. En suivant les constructions du problème VII (82), on trouve les plans *qαi'* et *rβk'*. Toutefois on pourrait aussi employer, pour trouver les traces de ces plans, les parallèles à la droite donnée menées par les points de contact : car ces parallèles doivent être respectivement, l'une dans le premier plan, et l'autre dans le second.

88. *Deuxième solution* (fig. XI). Avec la normale *o'd'* on décrit un cercle, qui sera la projection d'un cercle situé dans le plan vertical *uv*, et dont la rotation autour de l'axe produira une sphère tangente à la surface donnée, dans toute l'étendue du parallèle *d'e'*. Concevons qu'on ait mené à cette sphère tous les plans tangents qui peuvent être parallèles à la droite donnée, il est clair que le lieu de tous les points de contact sera un grand cercle perpendiculaire à cette droite, et que par conséquent les points communs à ce grand cercle et au parallèle donné seront les points de contact de la surface de révolution avec les plans tangents demandés.

Pour déterminer plus commodément ces points

communs, imaginons par un point quelconque de
l'axe une parallèle à la droite donnée, et soient at et
$a't'$ les projections de cette parallèle. Faisons-la tourner autour de l'axe pour l'amener à être parallèle au
plan vertical, de manière que ses projections deviennent $a\theta$ et $a'\theta'$. Alors le grand cercle dont le plan est
perpendiculaire à la droite donnée vient se projeter
suivant le diamètre $\lambda'\lambda''$ perpendiculaire à $a'\theta'$, et les
points qui lui sont communs avec le parallèle $d\,e'$ sont
projetés verticalement en ε', et horizontalement en μ
et ν. En remettant $a\theta$ dans la position at, la corde $\mu\nu$
prendra la position mn, perpendiculaire à at et à la
même distance du centre a; donc les points cherchés,
placés dans leur véritable situation, ont leurs projections horizontales en m et n, d'où résultent ensuite les
projections verticales m' et n'.

Dans cette seconde solution, les plans tangents
peuvent se déterminer par la condition de passer aux
points de contact, et d'être perpendiculaires aux
rayons menés de ces points au centre de la sphère.

89. Problème XII. *Mener à une surface de révolution un plan tangent qui soit parallèle à une droite donnée, et dont le contact soit sur un méridien donné.*

Ici encore, comme dans le problème X, on sub-
stitue à la surface de révolution un cylindre perpendiculaire au plan du méridien donné, et ayant pour
base ce méridien; puis on cherche les plans tangents
à ce cylindre parallèles à la droite donnée. En
conséquence, et d'après ce qui a été vu n° 78, on
mènera par un point de la droite une parallèle aux
génératrices du cylindre, c'est à dire une perpendi-

culaire au plan du méridien ; par cette parallèle et
par la droite donnée, on conduira un plan, dont on
déterminera l'intersection avec le plan du méridien ;
puis, au méridien, on mènera des tangentes parallèles à cette intersection : les points de contact de ces
tangentes sont ceux des plans tangents demandés. Il
est clair, en effet, que les plans élevés suivant ces
tangentes, perpendiculairement au plan méridien,
satisfont aux conditions de l'énoncé.

La droite donnée a pour projections bc, $b'c'$
(fig. XII), mais il est évident qu'on peut la remplacer
par une droite $[at, a't']$ qui lui est parallèle et qui
passe par un point de l'axe. Soit t la trace horizontale de cette parallèle, et td une perpendiculaire à la
trace horizontale aq du plan méridien donné, dans
lequel l'énoncé exige que se trouvent les points de
contact. La droite qui, dans l'espace, joint le point d
au point $[a, a']$ est celle à laquelle doivent être parallèles les tangentes qu'il faut mener à ce méridien ; et
pour cela nous ferons encore tourner ce plan autour
de l'axe, afin de le rendre parallèle au plan vertical.
Alors le point d vient en e, et par suite la droite dont
il s'agit vient se projeter en $a'e'$; donc, si on mène
les tangentes $f'p'$, $g'r'$, parallèles à $a'e'$, puis les
droites $f'f$, $g'g$, perpendiculaires à xy, les projections
des points de contact seront f et f', g et g'. Mais il
faut établir ces points dans leur vraie situation : à cet
effet, il faut porter sur aq les projections horizontales
f et g au moyen des arcs de cercle fm et gn, puis élever sur xy les perpendiculaires mm' et nn' qu'on termine aux horizontales $f'm'$ et $g'n'$.

On trouve ainsi les projections m et m', n et n', des points de contact. Ensuite, les plans tangents $q\alpha i'$ et $s\beta k'$ se déterminent facilement au moyen des tangentes $f'p'$ et $g'r'$, comme dans le problème VII (82).

90. PROBLÈME XIII. *Déterminer les projections de la courbe formée par les points de contact d'une surface de révolution avec les différents plans tangents qu'on peut mener à cette surface par un point extérieur : ou, en d'autres termes, trouver la courbe de contact d'une surface de révolution avec un cône circonscrit dont le sommet est donné.*

Considérez une suite de parallèles ou de méridiens, et, au moyen des problèmes IX et X, cherchez les points de contact des plans qui passent par le sommet donné, et qui touchent la surface sur ces parallèles ou sur ces méridiens. Tous les points de contact appartiendront à la courbe demandée; et comme on peut les multiplier autant qu'on veut, cette courbe doit être regardée comme déterminée.

Dans la fig. XIII, les projections du sommet donné sont d et d', et pour trouver les points de contact $[m,m']$ et $[n,n']$, situés sur le parallèle $b'c'$, on y a rapporté la construction exposée n° 84. Mais on y a détaillé aussi celle de plusieurs points remarquables dont la connaissance facilite le tracé des projections de la courbe. Nos explications seront accommodées au cas où le méridien est une ellipse, mais il sera facile de les modifier dans les autres cas.

1° Pour avoir les points situés sur l'*équateur*, on remarquera que la tangente menée au méridien par un point de ce cercle est verticale, et qu'elle décrit, en tournant autour de l'axe, non un cône, mais un

cylindre. De là il résulte qu'en menant les tangentes
df, dg, à la projection de l'équateur, et ensuite les
perpendiculaires ff', gg', à la ligne de terre, les
points dont il s'agit seront ceux dont les projections
sont f et f', g et g'. Il est d'ailleurs évident *à poste-*
riori que les plans verticaux élevés sur df et sur dg
réunissent à la condition de passer par le sommet
$[d,d']$, celle d'être tangents à la surface, l'un au point
$[f,f']$, et l'autre au point $[g,g']$: car chacun d'eux
contient une tangente à l'équateur et une tangente au
méridien.

2° Dans le plan vertical menez les tangentes $d'h'$,
$d'i'$, puis les lignes de projections $h'h$, $i'i$: les points
$[h,h']$ et $[i,i']$ appartiendront à la courbe des contacts. En effet, si on veut connaître les points de
cette courbe situés sur les parallèles qui passent aux
points ci-dessus, et si on emploie la même construction (84) que pour le parallèle $b'c'$, il est facile de
voir qu'on trouve ces deux points eux-mêmes. Et
d'ailleurs on aperçoit sur le champ que les plans perpendiculaires au plan vertical, conduits suivant les
droites $d'h'$ et $d'i'$, sont tangents à la surface en ces
points, et qu'ils passent au sommet donné $[d,d']$.

3° Le plan méridien élevé sur da contient le sommet donné et partage la courbe des contacts en deux
parties symétriques. Si on veut avoir les points de
cette courbe qui sont dans ce plan, il suffit de mener,
par le sommet donné, des tangentes au méridien qui
y est contenu : car les plans conduits suivant ces
tangentes, perpendiculairement au plan de ce méridien, sont évidemment tangents à la surface. Pour
mener les tangentes dont il s'agit, on fera tourner ce

plan autour de l'axe afin de le rendre parallèle au plan vertical. Supposons que les projections du sommet donné deviennent alors δ, δ' : on mènera les tangentes $\delta'k'$, $\delta'l'$; au moyen des points k' et l', on déterminera les points k et l, qu'on ramènera, par des arcs de cercle, en p et q sur la ligne da ; puis, on tirera les lignes de projection pp' et qq', qu'on terminera aux horizontales $k'p'$ et $l'q'$. On aura ainsi les projections p et p', q et q', des points de contact cherchés.

Ces derniers points offrent des particularités sur lesquelles je dois insister : c'est que l'un est le point le plus haut de la courbe de contact, et l'autre, le point le plus bas. Pour le démontrer imaginons qu'on veuille appliquer les constructions faites sur le parallèle $b'c'$, à des parallèles supérieurs au point k', ou inférieurs au point l'. Alors la tangente $b'e'$, menée en b', et qui passe en deçà du point δ', serait remplacée par une tangente passant au delà. Par suite le cercle ae, qui par ses intersections r et s, avec le cercle décrit sur da, sert à déterminer les points m et n, est lui-même remplacé par un cercle qui enveloppe le cercle ad, et qui n'a plus de point commun avec lui. Donc, par le sommet $[d,d']$, on ne peut mener aucun plan tangent dont le contact avec la surface soit au dessus de p', ni au dessous de q'.

Revenons pour un moment aux points déterminés sur le parallèle $b'c'$. L'horizontale passant par ces points a pour projection horizontale la droite mn, et devient tangente à la courbe des contacts lorsque les points m et n se réunissent en un seul. Or, ce cas arrive quand les points r et s viennent se confondre

avec *d*, ce qui exige que la tangente *b'e'* aille se placer sur *k'ð'* ou sur *l'ð'*. Ainsi, on revient encore aux
points extrêmes *p'* et *q'*, quand on cherche ceux où
la tangente à la courbe de contact est horizontale.

Remarque. Dans chacune des projections de la
courbe de contact on a distingué deux parties, dont
l'une est pleine et l'autre ponctuée, selon la région
de la surface à laquelle elle appartient. Dans la projection horizontale, la partie pleine *fpg* répond à la
portion de la courbe qui est au dessus de l'équateur,
et la partie ponctuée *fqg* à celle qui est au dessous.
Dans la projection verticale, la partie pleine *h'g'i'*
vient de la région antérieure au méridien *bc*, et la
partie ponctuée *h'f'i'* vient de la région postérieure.

91. **Problème XIV.** *Trouver les projections de la
courbe formée par les points de contact de tous les plans
tangents menés à une surface de révolution parallèlement à une droite : ou, en d'autres mots, déterminer la
courbe de contact de cette surface avec un cylindre
circonscrit dont les génératrices sont parallèles à une
droite donnée.*

Prenez une suite de parallèles ou de méridiens;
puis, au moyen des constructions connues (87-89),
cherchez sur chacun de ces parallèles ou de ces méridiens, les points de contact de la surface de révolution avec des plans tangents parallèles à la droite
donnée. La ligne qui joint tous ces points est la
courbe demandée.

Dans l'épure XIV, les projections de la droite donnée sont *bc* et *b'c'*, et on a appliqué au parallèle *d'e'*
les constructions du n° 87. On a déterminé ainsi les

projections m et n, m' et n', de deux points de la courbe.

Pour obtenir les points placés sur l'équateur, on mène, parallèlement à bc, des tangentes à la projection horizontale de cet équateur : on trouve ainsi les points f et g, qui sont les projections horizontales de ces points, et dont on conclut les projections vertiticales f' et g'.

En menant des tangentes parallèles à $b'c'$, on trouve les points h' et i', desquels on déduit les points h et i. Les points $[h,h']$ et $[i,i']$ sont ceux où la courbe de contact rencontre le méridien parallèle au plan vertical.

Enfin, pour connaître les points de cette courbe, qui sont sur le méridien parallèle à la droite donnée, il suffit de mener des tangentes à ce méridien parallèles à la droite donnée. A cet effet, on mène par un point de l'axe une parallèle $[at,a't']$ à la droite ; et comme cette parallèle est dans le plan du méridien dont il s'agit, on amène ce plan à être parallèle au plan vertical, on cherche la projection verticale $a'\theta'$ de cette parallèle dans sa nouvelle position, et on mène des tangentes parallèles à $a'\theta'$. Ces tangentes déterminent les points k' et l', et par suite k et l. Alors, pour obtenir les projections des points cherchés, tels qu'ils sont dans leur vraie situation, on décrit les arcs kp et lq, puis on mène les lignes de projection pp' et qq', qu'on termine aux horizontales $k'p'$ et $l'q'$. Les deux points $[p,p']$ et $[q,q']$ qu'on vient de déterminer sont, l'un, le point le plus haut, et l'autre, le point le plus bas de la courbe de contact. En ces points, les tangentes à cette courbe sont horizontales.

10

92. PROBLÈME XV. *Par une droite donnée mener un plan tangent à une surface de révolution.*

Après les deux problèmes précédents, celui-ci n'offre aucune difficulté. Prenez à volonté un point sur la droite donnée, et déterminez la courbe de contact de la surface avec le cône circonscrit qui a ce point pour sommet (90). Il est clair que les plans tangents à la surface, conduits par la droite, doivent être tangents à ce cône ; donc les points où ils touchent la surface de révolution sont sur la courbe de contact. En prenant un second point sur la droite donnée, on détermine une seconde courbe qui contient encore ces points ; donc ces points sont aux intersections des deux courbes.

On peut, sur la droite donnée, choisir pour sommets des cônes les points qu'on voudra ; les constructions devront s'effectuer comme dans le problème XIII. On peut aussi remplacer un des deux cônes par un cylindre circonscrit à la surface et parallèle à la droite donnée ; et alors la courbe de contact se détermine par le problème XIV.

Dans l'épure XV, les projections de la droite donnée sont bc et $b'c'$, le point $[c, c']$ de cette droite est celui qu'on a choisi pour le sommet du cône circonscrit, et on a trouvé que les projections de la courbe de contact sont $dmen$, $f'm'g'n'$. La seconde courbe est celle du contact d'un cylindre circonscrit parallèle à la droite : les projections de cette courbe sont $hmin$, $k'm'l'n'$; et, afin d'éviter la confusion, on a tracé en points ronds toutes les constructions qui servent à les déterminer.

On a eu aussi l'attention de distinguer par la ponctuation les parties des courbes qui appartiennent aux diverses régions de la surface; et par ce moyen toute incertitude disparaît quand on veut reconnaître, dans les intersections des projections, les points qui répondent aux intersections des courbes sur la surface. Par exemple, le point *m* doit venir d'une véritable intersection, parce qu'il est la rencontre des projections horizontales de deux portions de courbe situées au dessous de l'équateur. On trouve ainsi qu'il y a sur la surface deux points d'intersection : l'un a pour projections *m* et *m'* ; l'autre, *n* et *n'*.

Le plan tangent au point [*m,m'*] est *ras'*. Sa trace *ra* est perpendiculaire à la droite *am*, et passe au point *r* où la droite donnée perce le plan horizontal; et, pour avoir sa trace verticale *as'*, on s'est servi de la parallèle [*ms,m's'*] menée à *ar* par le point de contact. Les traces du second plan tangent se déterminent de la même manière, mais la trace verticale sort des limites du cadre.

Scolie. La solution qu'on vient d'expliquer n'est pas la seule qu'on puisse employer. En général, quelle que soit la surface à laquelle on propose de mener un plan tangent par une droite donnée, la question se réduit à trouver sur cette surface un point par lequel on puisse mener deux tangentes qui rencontrent la droite. Donc, si on considère deux surfaces différentes dont chacune soit engendrée par une droite assujettie à rencontrer toujours la droite donnée et à toucher la surface proposée; les points communs aux deux courbes suivant lesquelles elles touchent cette surface seront les points de contact qu'il s'agit de trouver.

Il est bien évident d'ailleurs que la loi suivant laquelle se meut la génératrice des deux surfaces circonscrites, peut varier d'une infinité de manières, sans que cette génératrice cesse de rencontrer la droite donnée et d'être tangente à la surface proposée. Si on la fait passer toujours par un même point de cette droite, elle engendre un cône ; et si ce point est situé à l'infini, c'est un cylindre. On peut encore couper la surface proposée par une suite de plans horizontaux, et mener des tangentes aux sections par les points où ces plans rencontrent la droite donnée, ce qui déterminerait un conoïde. En prenant des plans assujettis à une autre loi, on aurait d'autres surfaces.

Ce qui vient d'être dit s'applique à une surface quelconque (pourvu cependant qu'elle ne soit pas développable). S'il s'agit d'une surface de révolution dont l'axe soit vertical, les sections horizontales sont des cercles, auxquels il sera facile de mener des tangentes par les points où les plans de ces sections rencontrent la droite donnée ; et on a ainsi une première courbe. Pour en trouver une seconde, on pourrait faire des sections parallèles au plan vertical ; mais il faudrait construire les courbes provenant de ces différentes sections, ce qui est peu commode. Il vaudra mieux assujettir les plans coupants à passer par l'axe, parce qu'ils couperont tous la surface suivant des méridiens : on mènera, par le point où chaque plan rencontre la droite donnée, des tangentes au méridien qu'il renferme ; et, la nouvelle courbe de contact étant construite, ses intersections avec la première donneront la solution du problème.

Plan tangent à la sphère, par une droite donnée.

93. PROBLÈME XVI. *Par une droite donnée mener un plan tangent à une sphère.*

Quatre solutions vont être expliquées. Pour plus de simplicité, on supposera que la ligne de terre passe par le centre de la sphère, de sorte que les intersections de cette sphère par les plans de projection seront deux grands cercles, lesquels, sur l'épure, sont confondus en un seul.

Première solution (fig. XVI-1). La question se réduit à trouver les points de contact, et on y parvient au moyen de deux cônes, ainsi qu'il a été expliqué au commencement du n° 92 : mais on choisit pour sommets de ces cônes les traces mêmes de la droite. Imaginons, par sa trace horizontale, deux tangentes au grand cercle situé dans le plan horizontal; puis faisons-les tourner autour de la droite qui unit le centre au sommet de ces tangentes. Il est clair qu'elles décrivent un cône droit qui touche la sphère suivant une circonférence dont le plan est vertical, et dont le diamètre est la corde menée entre les deux points de contact. Pareillement, imaginons qu'on ait mené, par la trace verticale de la droite, deux tangentes au grand cercle situé dans le plan vertical, et une droite allant au centre : la rotation des tangentes autour de cette dernière droite engendre un autre cône; et ce cône touche encore la sphère suivant une circonférence dont le plan est perpendiculaire au plan vertical, et qui a pour diamètre la corde menée entre les deux points de contact. Ces deux circonférences, que je nommerai les *bases* des cônes, devant contenir les points de contact des plans tangents demandés, il faut déterminer leurs intersections. A cet effet, on cherchera d'abord la droite suivant laquelle se coupent les plans de ces circonférences, et ensuite les points où cette droite rencontre l'une d'elles. Ces constructions exigeront qu'on ait recours à un rabattement.

Soient *ab* et *a′b′* les projections de la droite donnée, *a* et *b′* ses traces : je mène les tangentes qui déterminent les cordes *cd* et *c′d′*. La circonférence décrite sur *cd*, dans un plan perpendiculaire au plan horizontal, est la base du cône qui a son sommet en *a*; et la circonférence décrite sur *c′d′*, dans un plan perpendiculaire au plan vertical, est la base du cône qui a son sommet en *b′*. Il est donc évident que les projections horizontales des points cherchés doivent être sur *cd*, et les projections verticales sur *c′d′*; de sorte qu'on peut encore considérer les lignes *cd* et *c′d′* comme les projections de la corde qui unit ces points dans l'espace.

Rabattons la base du second cône sur le plan vertical; pour cela il suffit de décrire la circonférence *c′Md′N* sur le diamètre *c′d′*. Pour avoir la position que prend alors la corde dont il s'agit, je construis les points *e* et *f′* où elle perce les plans de projection, et je remarque qu'après le rabattement le point *f′* n'a pas changé, et que le point *e* se place, perpendiculairement à *c′d′*, à une distance *e′*E égale à *e′e*; donc, en tirant une droite par les points *f′* et E on aura le rabattement de la corde. Cette droite coupe la circonférence *c′Md′N* aux points M et N, qui sont les rabattements des points cherchés : or, quand on remet cette circonférence dans sa vraie position, les perpendiculaires Mm', Nn', abaissées sur $c'd'$, deviennent perpendiculaires au plan vertical ; donc les points m' et n' sont les projections verticales des points cherchés. On trouve ensuite les projections horizontales m et n au moyen des lignes de projection mm' et nn', qu'on termine à cd. Comme vérification on doit avoir $\alpha m = $ Mm' et $\beta n = $ Nn'.

Il reste encore à mener les traces des deux plans tangents ; et cela est facile, car chacun d'eux passe par la droite donnée, et est perpendiculaire au rayon mené au point de contact. En conséquence, on abaisse ap, $b'p'$, perpendiculaires aux projections om, om', du premier rayon, et on a les traces du premier plan tangent, lesquelles doivent croiser la ligne de terre au même point. Pareillement, sur les projections on, on', du second rayon, on abaisse les perpendiculaires aq, $b'q'$, lesquelles sont les traces du second plan tangent.

94. *Deuxième solution* (même figure). Au lieu du cône acd, on emploie un cylindre. A cet effet, on mène par le centre de la sphère un plan tot' perpendiculaire à la droite donnée, puis on regarde le grand cercle d'intersection, de ce plan avec la sphère, comme la base d'un cylindre parallèle à la droite donnée. Il est clair que les points de contact cherchés doivent être sur ce grand cercle, et que par conséquent l'intersection du plan tot' avec le plan de la base du cône $b'c'd'$ sera la corde qui joint ces points de contact. La projection verticale de cette intersection est déjà $c'd'$, et sa projection horizontale cd est facile à trouver (19). Alors on fait le ra-

battement *c'M*d'N de la base du cône, et les constructions s'achèvent comme précédemment. Comme le
plan *tot'* contient la corde qui joint les points cherchés, il s'ensuit que les traces *ot* et *ot'* doivent passer
aux points *e* et *f'*, déterminés dans la première solution, puisqu'ils sont ceux où cette corde rencontre
les plans de projection.

95. *Troisième solution* (fig. XVI-2). Un des cônes
suffit à lui seul pour résoudre le problème. En effet,
si on cherche le point où la droite rencontre le plan
de la base de ce cône, et que par ce point on mène
des tangentes à cette base, les plans conduits par la
droite donnée et par ces tangentes, étant tangents
au cône et à la sphère, seront les plans demandés.

Servons-nous du cône *b'c'd'*, dont la base est dans
un plan élevé suivant *c'd'* perpendiculairement au
plan vertical. En prolongeant *a'b'* et *c'd'*, l'intersection *g'* sera la projection verticale du point où la
droite rencontre le plan du cercle, et on aura sa
projection horizontale par l'intersection *g* de *ab* avec
*g*λ, perpendiculaire à *xy*. On voit donc que la rencontre de la droite avec le plan a lieu, dans l'espace,
sur une horizontale passant en *g'* et dont la grandeur, à partir de *g'*, est égale à *g*λ. Donc, en rabat-
tant la base du cône sur le plan vertical, ce point se
portera sur une perpendiculaire à *c'd'*, à une distance
*g'*G $=$ *g*λ ; et les tangentes, menées de ce point à la
base du cône, se rabattront sur les tangentes GM, GN.
Alors, comme précédemment, on abaisse les perpendiculaires M*m'*, N*n'*, à *c'd'*, et ensuite des perpendiculaires à *xy* sur lesquelles on prend *am* $=$ M*m'* et

$\beta n = N n'$: les projections des points de contact cherchés seront m, m', et n, n'.

En menant, par les points a et b', des perpendiculaires aux projections des rayons, on aura les
traces des plans tangents. Mais ici il faut observer
que si on prolonge les tangentes GM et GN jusqu'aux
points r et s, où elles rencontrent $c'd'$, ces points ne
doivent pas changer quand les tangentes reviennent
à leur véritable position, et que par suite ils appartiennent aux traces verticales des plans tangents :
c'est à dire que la trace $b'p'$ doit passer en r, et la
trace $b'q'$ en s.

98. *Quatrième solution* (même figure). Enfin, l'emploi du cylindre parallèle à la droite donnée, ou
plutôt du grand cercle dont le plan est perpendiculaire à cette droite, suffit aussi pour résoudre le problème. Il faut alors déterminer le point où ce plan
rencontre la droite, et mener par ce point deux tangentes à ce grand cercle : elles feront connaître les
points de contact; et en conduisant des plans par la
droite donnée et par ces tangentes, on aura les plans
tangents.

On peut démontrer *à posteriori*, en s'appuyant sur
la géométrie élémentaire, que chacun de ces plans
est tangent à la sphère. Pour abréger, désignons-
les par T et T', et le plan du grand cercle par C.
Puisque le plan T contient la droite donnée, il doit
être perpendiculaire au plan C; et puisqu'il contient
une tangente au grand cercle, il est évident que cette
tangente est l'intersection des plans T et C. Or, le
rayon mené au point de contact est, dans le plan C,
perpendiculaire à cette tangente; donc le rayon est

perpendiculaire au plan T ; donc le plan T est tangent à la sphère. Même raisonnement pour le plan T'.

Maintenant voici les constructions. On mène par le centre, perpendiculairement à *ab* et *a'b'*, les lignes *ot* et *ot'*, qui seront les traces du plan perpendiculaire à la droite donnée ; on détermine les projections *h* et *h'* du point d'intersection de la droite avec le plan ; on cherche la distance de ce point au point *t*, au moyen du triangle rectangle *thv* dont *th* est la base et *h'μ* la hauteur ; puis on fait tourner le plan *tot'* autour de sa trace *ot* pour le rabattre sur le plan horizontal. Alors le grand cercle situé dans le plan *tot'* se confond avec celui qui est déjà tracé dans le plan horizontal ; et d'un autre côté, le point [*h,h'*] étant sur une verticale élevée en *h*, et *ht* étant perpendiculaire à *ot*, il est clair que la droite *tv*, dans l'espace, est perpendiculaire à *ot* (*Introd.* 19). Il suit de là qu'on aura le rabattement du point [*h,h'*] en prenant *t*H = *tv* sur le prolongement de *ht*, et qu'on aura celui des tangentes, qui vont de ce point au grand cercle, en menant les tangentes HM', HN'.

Remettons les choses à leur place, c'est à dire ramenons ces tangentes à la position qu'elles occupaient dans le plan *tot'* avant le rabattement. La tangente HM' rencontre la trace *ot* en un point *i* qui ne varie pas ; donc la projection horizontale de cette tangente sera *ih*. En abaissant *ii'* perpendiculaire à *xy* et tirant *i'h'*, on aura sa projection verticale. Ainsi, on connait déjà les projections d'une droite qui contient l'un des points de contact. Mais le point M', en tournant, reste dans un plan perpendiculaire à *ot*, et par conséquent sa projection horizontale est sur la perpendiculaire M′m à *ot*; donc la projection horizontale du premier point de contact se trouve à la rencontre de M′m avec *ih*, et par suite sa projection verticale est à l'intersection de *i h*′ avec la ligne de projection *mm*′. On obtient de la même manière les projections *hk*, *h′k*′ de la seconde tangente, et ensuite les projections *n,n*′, du second point de contact.

La corde M′N′ donne lieu à une vérification. Quand elle est remise à sa vraie position, ses projections sont *mn* et *m′n*′. Mais comme le point *e*, où elle coupe *ot*, reste fixe, il est la trace horizontale de la corde qui joint les points de contact; donc il doit être sur la ligne *mn*, et sa projection verticale *e*′ doit être sur *m′n*′.

Du reste, les traces des plans tangents se déterminent comme dans les autres solutions. Mais ici on observera que les deux tangentes rencontrant le plan horizontal en *i* et *k*, sur la trace *ot*, les traces horizontales des plans tangents doivent passer respectivement en *i* et *k*. Pareillement les points où les tangentes rencontrent le plan vertical doivent être à la fois sur *ot*′ et sur les traces verticales des plans tangents : c'est pourquoi les lignes *i′h*′, *ot*′, *b′γ* vont se croiser au même point.

Plans tangents à la surface gauche de révolution.

97. **PROBLÈME XVII.** *Étant donné l'axe et la génératrice d'une surface gauche de révolution, mener un plan tangent à un point de cette surface.*

Dans ce problème et dans les suivants, ce n'est plus un méridien de la surface qui est donné; et, pour la détermination du plan tangent, c'est de la droite génératrice qu'il faut faire usage. De là résultent quelques modifications dans les constructions exposées précédemment (82—92). Je continuerai de prendre le plan horizontal perpendiculaire à l'axe de révolution, et je supposerai toujours que la génératrice est donnée dans la position où elle est parallèle au plan vertical.

Soit a (fig. XVII) la projection horizontale de l'axe, $a'a''$ sa projection verticale, et bc, $b'c'$ les projections de la génératrice. Il est évident que bc doit être parallèle à xy, que la perpendiculaire ab abaissée sur bc est la projection de la plus courte distance entre la génératrice et l'axe, et que le cercle bde décrit du rayon ab est la projection horizontale du collier. Quant à la projection verticale du collier, elle se trouve sur la parallèle à xy, menée par l'intersection b' de $a'a''$ avec $b'c'$.

Le plan horizontal coupe la surface suivant un cercle qui a son centre au point a : or, on trouve un point de ce cercle en déterminant la trace horizontale c de la génératrice ; donc on pourra décrire ce cercle : c'est le cercle cfg. Toutes les génératrices de la surface ont leurs traces sur cfg.

Soit m la projection horizontale d'un point de la surface. Toutes les génératrices doivent se projeter sur le plan horizontal tangentiellement au cercle bde (64); par conséquent, si on mène les tangentes md et me au cercle bde, elles seront les projections horizontales des génératrices qui, sur la surface, passent aux points projetés en m.

Pour avoir les projections verticales de ces génératrices, remarquons d'abord que les points d et e

sont les projections horizontales des points où ces génératrices rencontrent le collier, et que par suite on en trouve les projections verticales d' et e' en menant dd' et ee' perpendiculairement à xy. En second lieu, remarquons que les traces horizontales des mêmes génératrices doivent être aux intersections f et g du cercle cfg avec les deux tangentes. Toutefois, pour ne pas se tromper sur la vraie position de ces traces, il faut suivre le mouvement de la génératrice pendant qu'elle engendre la surface; et c'est ainsi qu'on reconnaît que le contact b venant se placer en d et en e, le point c se transporte en f et en g. Projetons f et g en f' et g' sur xy, puis tirons les droites $f'd'$ et $g'e'$: elles seront les projections verticales de deux génératrices; par conséquent, si on mène du point m une perpendiculaire à xy, les points m' et m'', où elle rencontre $f'd'$ et $g'e'$, seront les projections verticales des points de la surface qui corresponndent à la projection horizontale m.

Le plan tangent en chacun de ces deux points est facile à déterminer : car il doit contenir la génératrice et la tangente au parallèle qui passe au point de contact. La droite mp, perpendiculaire à am, est la projection horizontale des tangentes aux deux parallèles; les droites $m'p'$ et $m''p''$, parallèles à xy, sont les projections verticales de ces tangentes; et par suite leurs traces verticales sont p' et p''. Or, les traces horizontales des plans tangents doivent passer aux points f et g, et être parallèles à ces tangentes; donc, si on mène les parallèles $f\alpha$ et $g\beta$ à mp, et si on tire $\alpha p'$ et $\beta p''$, les plans tangents seront $f\alpha p'$ et $g\beta p''$.

Remarques. Observez que les traces verticales des

deux génératrices devront être respectivement sur les traces $\alpha p'$, $\beta p''$, et que la droite projetée en de, $d'e'$, étant commune aux deux plans tangents, sa trace verticale o' est aussi commune aux traces verticales de ces plans.

D'autres vérifications plus remarquables résultent de ce que la surface peut être engendrée de deux manières par une droite (65). Si on prolonge cb jusqu'en h, la droite dont la trace horizontale est h, et qui rencontre le collier au point $[b,b']$, est la génératrice du second mode. Alors on voit que la rotation de cette génératrice amène hb' en ie, et de là on conclut la projection verticale $i'e'$, qui doit passer au point m'. Pareillement, hb venant en kd, la projection verticale correspondante est $k'd'$, dont le prolongement doit passer en m''.

Si on eût commencé par chercher, dans les deux modes, les génératrices qui passent par chaque point de contact, il est clair, par ce qui a été dit n° 50, qu'elles auraient suffi pour déterminer les deux plans tangents.

98. Problème XVIII. *Par un point donné, hors d'une surface gauche de révolution, mener un plan qui soit tangent à cette surface sur un méridien ou sur un parallèle dont le plan est donné.*

Supposons que le contact doive se faire sur un méridien dont le plan est donné. Les constructions seront fondées sur ce que le plan tangent doit à la fois être perpendiculaire au plan donné et contenir une génératrice de la surface.

Soit ad (fig. XVIII) la trace du plan méridien, et

o, o', les projections du point donné. Le plan tangent devant être perpendiculaire au plan méridien, sa trace horizontale sera perpendiculaire à ad; et par suite, si on imagine qu'un plan horizontal soit mené par le point $[o, o']$, l'intersection de ce plan avec le plan tangent aura pour projections la perpendiculaire oe à ad et la parallèle $o'e'$ à xy : ainsi la droite $[oe, o'e']$ appartient au plan tangent. Donc le point e', où elle perce le plan vertical, est sur la trace verticale de ce plan tangent.

Le même plan horizontal coupe la surface gauche suivant une circonférence, dont on détermine facilement la projection horizontale fgh en cherchant le point $[f, f']$ où il rencontre la génératrice donnée $[bc, b'c']$; et cette circonférence est coupée par la droite $[oe, o'e']$ en deux points $[g, g']$ et $[h, h']$. Mais le plan tangent doit contenir une génératrice de la surface, et cette génératrice doit rencontrer la circonférence projetée en fgh; donc si on mène les tangentes gi et hk à la projection du collier, on aura les projections de deux génératrices, dont chacune est dans un plan tangent qui doit satisfaire à l'énoncé. On considère pour le moment les génératrices qui appartiennent au même mode de génération que $[bc, b'c']$.

Toutes les génératrices allant rencontrer le plan horizontal sur une circonférence connue cpq, on prolonge gi et hk jusqu'en p et q, et on connaît ainsi un point de la trace horizontale de chaque plan tangent. Alors on conclut qu'en menant $p\alpha$ et $q\beta$ parallèles à oe, et tirant les droites $\alpha e'$ et $\beta e'$, les plans tangents cherchés seront $p\alpha e'$ et $q\beta e'$.

Les points de contact ne sont pas encore déterminés, mais ils le seront facilement en construisant les génératrices du second mode, qui doivent respectivement appartenir aux deux plans tangents. La tangente *hl* est la projection horizontale de celle qui appartient au plan *pαe′*, et doit rencontrer la trace *pα* et le cercle *cpq* au même point *r* ; la tangente *gm* est la projection horizontale de la génératrice située dans le plan *qβe′*, et doit passer par le point *s* commun au cercle *cpq* et à la trace *qβ*. Maintenant faites les projections verticales *p′i′*, *r′l′*, *q′k′*, *s′m′*, correspondantes à *pi*, *rl*, *qk*, *sm* ; et il est clair que les points de contact des plans *pαe′*, *qβe′*, seront déterminés, l'un, par la rencontre des droites [*pi*, *p′i′*] et [*rl*, *r′l′*], et l'autre, par la rencontre des droites [*qk*, *q′k′*] et [*sm*, *s′m′*]. Les projections du premier point tombent en dehors de la figure, celles du second sont *n* et *n′*.

Quelques vérifications s'offrent d'elles-mêmes, et sont suffisamment indiquées sur l'épure.

99. Quand le contact doit avoir lieu sur un parallèle donné, la solution du problème est fort simple. Elle se réduit à mener un plan tangent à la surface en un point quelconque de ce parallèle, et à faire tourner le méridien de ce point, ainsi que le plan tangent qui lui est perpendiculaire, jusqu'à ce que ce plan tangent vienne passer au point donné. Les constructions n'offrent aucune difficulté ; je laisse au lecteur le soin de les développer.

100. PROBLÈME XIX. *Mener à une surface gauche de révolution un plan tangent parallèle à un plan donné.*

Quand la génératrice d'une surface de révolution

n'est pas un méridien, et qu'on propose de mener un plan tangent à cette surface parallèlement à un plan donné, il faut, en général, déterminer préalablement un méridien de la surface, au moyen des méthodes qui seront expliquées dans la troisième partie ; après quoi les constructions du n° 83 peuvent recevoir leur application. Mais, dans le cas particulier de la surface gauche de révolution, cette détermination est inutile, ainsi qu'on va le voir.

Alors, à cause des deux modes de génération dont la surface est susceptible, chaque plan tangent doit contenir deux génératrices de cette surface. Or, on sait (68) qu'en transportant au centre du collier, parallèlement à elles-mêmes, toutes les génératrices de la surface, elles y forment un cône droit à base circulaire qui a le même axe que la surface. De là je conclus qu'un plan conduit par le sommet de ce cône, parallèlement au plan donné, doit couper ce cône suivant deux droites respectivement parallèles aux génératrices qui passent aux points de contact ; et dès lors ces génératrices sont faciles à déterminer.

Soient (fig. XIX) dad' le plan donné, et bc, $b'c'$ les projections de la génératrice de la surface. Si on mène ae parallèle à bc, les droites ae, $b'c'$ seront les projections d'une parallèle à cette génératrice. Cette parallèle passe au centre du collier, et en tournant autour de l'axe elle décrit le cône asymptote dont les génératrices sont parallèles à celles de la surface gauche (68). Si on construit sa trace horizontale e, et si on décrit du centre a le cercle qui passe en e, on aura la base du cône sur le plan horizontal.

Par le sommet de ce cône, il faut conduire un

11

plan parallèle au plan *dαd'* ; et à cet effet on mène par
ce sommet une horizontale [*af*, *b'f'*] parallèle à la
trace *dα*, on construit son intersection *f'* avec le plan
vertical, puis on mène les traces *f'β* et *βh*, respectivement parallèles à *d'α* et *αd*. La trace *βh* rencontre la
base du cône en *g* et en *h* ; et de là résultent les droites
ag et *ah*, qui sont les projections horizontales de deux
génératrices suivant lesquelles le plan *hβf* coupe le
cône. Or, ces génératrices sont parallèles à celles
qu'on cherche sur la surface gauche ; donc je connaîtrai les projections horizontales de celles-ci en
menant des tangentes au cercle *ab*, parallèles à *ag*
et à *ah*.

Dans ces quatre tangentes, il y en a deux, *pk* et *qi*,
qui répondent à deux génératrices dont les intersections avec le plan horizontal sont *p* et *q*, et dont les
projections verticales sont *p'k'* et *q'i'*. Ces deux génératrices, appartenant à deux modes de génération
différents, se rencontrent en un point [*m,m'*], et
déterminent le plan *pγr*, lequel est tangent en ce point
à la surface et parallèle au plan donné. Les deux
autres tangentes, *sl* et *to*, répondent à deux génératrices qui doivent aussi se rencontrer en un point
[*n, n'*], et qui déterminent un second plan tangent,
sδu, parallèle au plan donné.

101. PROBLÈME XX. *Par une droite donnée, mener
un plan tangent à une surface gauche de révolution.*

Pour résoudre ce problème de la manière la plus
simple, on détermine le point où la droite rencontre
le plan du collier ; on considère ce point comme le
sommet d'un cône circonscrit à la surface gauche ;

puis on mène un plan tangent à ce cône par la droite.
Mais avant de développer les constructions, il est
bon de rappeler quelques propriétés sur lesquelles
elles se fondent, et qui appartiennent à la Géométrie
analytique.

D'abord, la courbe de contact du cône avec la
surface gauche est une ligne plane du second ordre ;
et comme le sommet du cône est dans le plan du
collier, et que le collier coupe la surface symétriquement, il est évident que le plan de cette courbe est
perpendiculaire à celui du collier.

En second lieu, cette courbe est une hyperbole
dont il est facile d'avoir un axe et les asymptotes. En
effet, supposons, pour fixer les idées, que le sommet
du cône soit hors du collier, et par ce point menons
deux tangentes au collier : la corde qui joint les points
de contact sera évidemment l'axe transverse ; et,
pour avoir les asymptotes, il suffira de mener par le
milieu de cette corde, dans le plan de l'hyperbole,
deux droites qui forment avec une parallèle à l'axe
de révolution des angles égaux à ceux des génératrices de la surface gauche avec cet axe.

En troisième lieu, connaissant un axe et les
asymptotes, on trouvera l'autre axe, et ensuite les
foyers. Alors on pourra, au moyen d'une construction géométrique, et sans tracer l'hyperbole, mener
des tangentes à cette courbe et déterminer les points
de contact.

Revenons à la question : elle se réduit à mener,
par la droite donnée, des plans tangents au cône qui
a pour base l'hyperbole dont il a été mention tout à
l'heure. A cet effet, on détermine, comme on vient

de l'expliquer, le plan, l'axe transverse, les asymptotes et les foyers de l'hyperbole ; on prolonge la
droite donnée jusqu'à son point de rencontre avec
le plan de cette courbe ; puis on mène, par ce point,
des tangentes à cette courbe, et on construit les points
de contact de ces tangentes. Ces points sont ceux où
la surface gauche doit être touchée par les plans
tangents cherchés, et le problème n'a plus aucune
difficulté.

Conservons toujours la disposition des épures précédentes, et soient *ef*, *e'f'* les projections de la droite
donnée (fig. XX). D'après ce qui est dit plus haut,
je détermine le point [*g,g'*] où elle rencontre le plan
du collier, je mène les tangentes *gh*, *gi*, au collier,
et je tire la droite *hi* par les points de contact. Les
points *h* et *i* sont les projections horizontales de deux
points qui appartiennent à l'hyperbole suivant laquelle la surface gauche est touchée par le cône circonscrit dont le sommet est au point [*g,g'*] ; et comme
cette hyperbole est partagée symétriquement par le
collier, il s'ensuit que *ih* est à la fois la projection du
premier axe de cette courbe et la trace du plan vertical qui la contient. Ce plan est rencontré par la
droite en un point dont il est facile d'avoir les projections *k* et *k'*, et c'est de ce point qu'il faut mener
des tangentes à l'hyperbole.

Pour y réussir, je ramène ce plan à être parallèle
au plan vertical en le faisant tourner de manière qu'il
reste toujours à la même distance de l'axe : alors les
constructions qui doivent se faire dans ce plan pourront s'exécuter dans le plan vertical de projection.
Soit HI la position que prend la corde *hi* : si on tra-

çait la projection verticale de l'hyperbole, on aurait
une hyperbole de même grandeur, dont le premier
axe H'I' est égal à HI ou *hi*, dont les asymptotes sont
b'c' et *b'd'*, et dont il est facile d'avoir les foyers φ et ψ.
Le point [*k, k'*] décrit un cercle autour de l'axe, et
vient se placer dans une position dont il est facile
d'avoir les projections K et K'. On a représenté dans
l'épure les lignes nécessaires pour construire les tangentes qui vont du point K' à l'hyperbole ; ces tangentes sont K'M', K'N', et les points de tangence sont
M', N'. Ces points doivent être regardés comme les
projections verticales de deux points dont les projections horizontales, M et N, sont sur HI ; et il faut
chercher ce que deviennent les projections de ces
points quand le plan de l'hyperbole retourne à sa
vraie position. Or, il est évident qu'alors M et N se
portent en *m* et *n* sur *hi*, après avoir décrit les arcs
M*m*, N*n*, autour du centre *a*, et que les projections
verticales doivent se placer aux intersections *m'*, *n'*,
des lignes de projections *mm'*, *nn'*, avec les horizontales M'*m'*, N'*n'*. Ainsi se déterminent les projections
m et *m'*, *n* et *n'* des points de contact de la surface
gauche avec les plans tangents demandés.

Les traces de ces plans sont faciles à construire.
Je cherche les traces *e, f'*, de la droite donnée ; et
comme tout plan tangent à une surface de révolution
est perpendiculaire au méridien qui passe au point de
contact, je tire *am*, *an*, et j'abaisse sur ces lignes les
perpendiculaires *er, es*, qui seront les traces horizontales des plans tangents. On aura leurs traces verticales en joignant *f'* avec les points où ces perpendiculaires vont couper *xy*.

Quand ces derniers points sont trop éloignés, on peut y suppléer de diverses manières. Par exemple, on peut mener, par les points de contact, des parallèles [mp, $m'p'$], [nq, $n'q'$], à la droite donnée, ce qui fera trouver les points p' et q'.

Remarques. Il peut se faire que le point [g,g'] soit intérieur au collier. La courbe de contact de la surface gauche avec le cône circonscrit est encore une hyperbole située dans un plan vertical; mais alors son axe transverse est vertical. Pour obtenir cet axe, il faut mener un plan méridien par le point [g,g'], qui dans le cas actuel est intérieur au collier : ce plan coupe la surface suivant une hyperbole dont on connaît un axe ainsi que les asymptotes, et à laquelle il sera facile de mener des tangentes par ce même point [g,g']. La droite qui unit les deux points de tangence ainsi déterminés est l'axe transverse qu'il s'agit de trouver. Du reste, les constructions diffèrent peu de celles qui ont été développées dans l'épure.

Le cas où la droite donnée est horizontale n'est pas compris dans ce qui précède. Pour le traiter, il suffit de mener un plan méridien perpendiculaire à cette droite, et, par le point où il la coupe, des tangentes à l'hyperbole suivant laquelle il rencontre la surface gauche. Les points de contact de ces tangentes seront ceux des plans tangents cherchés. Il est clair d'ailleurs qu'il y a des cas où le problème proposé est impossible.

Plans tangents à quelques surfaces gauches qui ne sont pas de révolution.

102. PROBLÈME XXI. *Étant donné trois droites que l'on prend pour directrices d'une surface gauche,* *on propose de construire d'abord une génératrice quelconque de la surface, et ensuite le plan tangent en un point quelconque de cette génératrice.*

En général, la surface dont il s'agit est un hyperboloïde (62). Quand les directrices sont parallèles à un plan, elle est un paraboloïde (73, *scolie II*) ; mais la solution suivante convient à tous les cas. Prenez à volonté un point sur l'une des directrices, conduisez un plan par ce point et par l'une des deux autres, déterminez le point d'intersection de ce plan avec la troisième, et menez une droite par ce dernier point et par celui qui a été pris sur la première directrice. Cette droite rencontre évidemment les trois directrices, et est par conséquent une génératrice de la surface. La question exige ensuite qu'on prenne un point quelconque sur cette génératrice, et qu'on mène par ce point un plan tangent à la surface. Or, ce plan devant contenir la génératrice, il suffit de trouver une seconde droite qui y soit contenue. Pour y parvenir, on détermine deux autres génératrices, et on mène par le point de contact une droite qui les rencontre toutes deux : d'après une proposition connue (71), on est sûr que cette droite appartient à la surface, et par conséquent aussi au plan tangent.

Nommons (fig. XXI) A et A′, B et B′, C et C′, les projections des trois directrices données ; et soient *α* et *a′* celles d'un point quelconque de la première. Je mène par ce point une parallèle à la seconde, et je construis sa trace horizontale *b*. Je construis aussi les traces *c, d,* de la seconde directrice, puis je tire les droites *bcα* et *αd*, qui sont les traces d'un

plan passant par le point [a, a'] et par la droite
[B, B']. Enfin je cherche (20) les projections e, e', de
l'intersection de ce plan avec la troisième directrice
[C, C'], et je tire les droites ae, $a'e'$. La ligne dont
ces droites sont les projections est une génératrice :
car, d'après la construction, elle contient un point
de la première directrice et un point de la troisième ;
et en outre elle doit rencontrer aussi la seconde
[B, B'], puisqu'elle est située avec elle dans le plan
bad (c'est pourquoi kk' est perpendiculaire à xy). Je
détermine de la même manière les projections fg et
$f'g'$, hi et $h'i'$, de deux autres génératrices.

Soit pris sur la première génératrice un point
quelconque [m, m'], par lequel on propose de mener
un plan tangent à la surface gauche. D'après ce qui
a été rappelé plus haut, il faut chercher une droite
qui passe par ce point et qui s'appuie sur les deux
autres génératrices : c'est ce que je vais faire au moyen
des constructions expliquées dans la première partie (30), prob. XIII, 3° solut. En conséquence, par
le point de contact et par deux points pris arbitrairement sur la génératrice [fg, $f'g'$], je mène les
droites [mn, $m'n'$] et [mo, $m'o'$], puis je cherche les
points [p, p'], [q, q'], où elles rencontrent le plan vertical qui renferme la génératrice [hi, $h'i'$] : alors je
connaîtrai l'intersection [r, r'] de la droite [pq, $p'q'$]
avec cette génératrice, et par suite je connaîtrai aussi
la droite [mr, $m'r'$]. Or, c'est cette ligne qui, avec la
génératrice [ae, $a'e'$], détermine le plan tangent ;
donc, en construisant les traces de ces deux lignes,
on aura facilement le plan tangent svt.

Observez que la droite [ae, $a'e'$] est dans le plan

bxd, et que par conséquent elle doit avoir sa trace verticale *u* sur la trace verticale de ce plan.

103. PROBLÈME XXII. *Trois ellipses données sont semblables, semblablement situées, et ont leurs centres sur la même verticale. On suppose en outre que les deux plus grandes sont égales entre elles, et placées dans des plans également distants du plan de la plus petite. Ces trois courbes étant considérées comme les directrices d'une surface gauche, on propose de mener un plan tangent à cette surface par un point pris à volonté sur une génératrice quelconque.*

Supposons qu'on connaisse les trois points par lesquels une génératrice s'appuie sur les directrices, imaginons en ces points trois tangentes à ces courbes, et prenons ces tangentes pour directrices d'une nouvelle surface gauche. La génératrice dont il s'agit appartiendra aussi à cette surface, et, d'après ce qui a été démontré (74), le plan tangent en chaque point de cette génératrice sera le même pour les deux surfaces. Les trois tangentes directrices étant horizontales, la seconde surface est un paraboloïde (73, *scolie II*), et en la coupant par des plans horizontaux on doit trouver des droites (73, *scolie I*). En conséquence, pour avoir le plan tangent à la surface proposée, en un point donné de la génératrice, on déterminera une seconde génératrice de la dernière surface, on mènera par le point donné un plan horizontal qui coupera cette génératrice en un point, et on fera passer une droite par les deux points : cette droite sera tout entière sur le paraboloïde, de sorte que le plan déterminé par cette droite et par la pre-

mière génératrice sera le plan tangent demandé. Tout
cela a déjà été dit n° 75.

Il est permis de prendre l'une des grandes ellipses,
acb (fig. XXII), dans le plan horizontal de projection, et son grand axe ab parallèle à la ligne de terre
xy : alors la projection verticale de cette ellipse est
une portion $a'b'$, égale à ab, de xy. D'après l'énoncé,
les centres des trois ellipses données ont pour projection horizontale commune le centre o de l'ellipse
acb ; l'autre grande ellipse a pour projection horizontale cette même ellipse acb, et pour projection verticale une droite $a''b''$ parallèle à xy et égale à $a'b'$; enfin la
petite ellipse a pour projection horizontale une ellipse
dfe semblable à acb, dont le grand axe de est placé
sur ab, et elle a pour projection verticale une horizontale $d'e'$, égale à de et équidistante de $a'b'$ et de $a''b''$.

Pour un moment, considérons à part (fig. b) les
deux ellipses acb, dfe. En un point quelconque g de
la petite menons la tangente hi qui coupe la grande
en k et i ; tirons les demi-diamètres oh, oi, qui rencontrent la petite en φ et ψ ; tirons aussi $\varphi\psi$ et og qui
se coupent en ρ. Puisque les deux ellipses sont concentriques, semblables et semblablement situées, on
doit avoir $oh : oi :: o\varphi : o\psi$; donc $\varphi\psi$ est parallèle à
hi. Or, dans toute ellipse, les cordes parallèles à une
tangente sont rencontrées en leurs milieux par le
diamètre qui passe au point de contact ; donc $\varphi\rho = \psi\rho$,
et par suite $gh = gi$: c'est à dire qu'une droite tangente à la petite ellipse, et comprise dans la grande, est
divisée par le point de contact en deux parties égales.

Revenons à la question. Pour obtenir les projections d'une génératrice quelconque, je prends à vo-

lonté le point g (fig. XXII) sur l'ellipse dfe, je mène
la tangente hi qui est divisée au point g en deux parties égales, et je mène aussi les lignes de projection
hh', gg', ii', qu'on termine respectivement à $a'b'$, $d'e'$,
$a''b''$. Les projections h et h', g et g', i et i', seront celles
de trois points appartenant respectivement aux trois
courbes directrices : or il est facile de reconnaître que
h', g', i' sont en ligne droite; donc les droites hgi et
$h'g'i'$ sont les projections d'une génératrice de la surface, et la trace horizontale de cette génératrice est
en h. Il est d'ailleurs évident qu'il existe une autre
génératrice qui a encore hi pour projection, mais dont
la trace horizontale est en i; et alors la projection
verticale correspondante à i serait sur $a'b'$ tandis que
celle qui répondrait à h serait sur $a''b''$.

Maintenant, soit proposé de trouver le plan tangent à la surface en un point quelconque $[m,m']$ de
la première génératrice $[hi,h'i']$. Il faut, avons-nous
dit, remplacer la surface gauche de l'énoncé par le
paraboloïde dont les directrices sont tangentes aux
trois ellipses dans les points $[h,h']$, $[g,g']$, $[i,i']$. C'est
pourquoi je mène les tangentes hk, ik; et les trois
nouvelles directrices seront les droites indéfinies qui
ont respectivement pour projections hk et $a'b'$, ih et
$d'e'$, ik et $a''b''$. Le plan vertical élevé sur hk contient
la première de ces lignes : je détermine ses intersections $[h,h']$ et $[k,k']$ avec les deux autres, et je tire la
droite $k'h'$. De cette manière, on est certain que la ligne $[hk,h''k']$ rencontre les trois tangentes directrices,
et que par conséquent elle est une génératrice du paraboloïde. Alors j'imagine par le point $[m,m']$ un
plan horizontal, dont je détermine l'intersection

[n,n'] avec cette génératrice ; puis je mène l'horizontale [$mn,m'n'$] dont je construis la trace verticale p'. Le plan tangent devant contenir l'horizontale [$mn,m'n'$] et la génératrice [$hi,h'i'$], je mènerai $h\alpha$ parallèle à mn, ensuite je joindrai $\alpha p'$: le plan tangent sera $h\alpha p'$.

On obtient des vérifications en menant des parallèles à $h\alpha$ par des points quelconques de la génératrice [$hi,h'i'$] ; et c'est ainsi qu'on a trouvé les points u' et v' sur la trace verticale.

104. *Autre solution.* Par la projection m, menez une seconde tangente srt à l'ellipse dfe. Elle sera la projection horizontale de deux génératrices de la surface, lesquelles diffèrent en ce que l'une perce le plan horizontal en s, et l'autre en t. Je considère seulement la première, qui a $s'r't'$ pour projection verticale, et je dis qu'elle passe au point [m,m']. En effet, nommons X et H les hauteurs auxquelles les verticales élevées en m et r coupent cette génératrice ; il est clair qu'on a X : H :: sm : sr. Nommons Y l'élévation du point [m,m'], et remarquons que celle du point [g,g'] est égale à H ; on aura Y : H :: hm : hg. Mais, par les propriétés de l'ellipse, il est aisé de voir que les triangles gmr et hms sont semblables ; donc sm : sr :: hm : hg. Par suite on a X : H :: Y : H, d'où X $=$ Y, ce qui démontre la proposition.

On a donc, sur la surface gauche, une seconde génératrice qui passe au point de contact ; et le plan tangent se trouve ainsi complètement déterminé. Cette deuxième solution est beaucoup plus simple que la première ; mais aussi est-elle fondée sur des considérations moins générales.

Remarque. De ce que les hauteurs X et Y sont

égales, il s'ensuit qu'il y a sur la surface gauche dont
il s'agit, deux systèmes différents de génératrices, et
que chaque génératrice de l'un d'eux rencontre toutes
celles de l'autre. Cette surface peut donc être décrite
par une droite qui s'appuie sur trois autres, et dès
lors on voit qu'elle est comprise dans celle du problème **XXI**.

105. Problème **XXIII**. *Mener un plan tangent à
une surface gauche qui a pour directrices une droite horizontale et deux courbes situées dans des plans verticaux parallèles.*

La méthode à suivre dans cet exemple est encore
une application des propositions établies précédemment (n°s 74 et 75) : c'est à dire qu'on remplace la
surface gauche par un paraboloïde hyperbolique,
qui se raccorde avec elle suivant la génératrice sur
laquelle est donné le point de contact.

Soit *ab* (fig. XXIII) la directrice horizontale, et
soient *cd*, *ef*, les traces horizontales des plans verticaux parallèles qui contiennent les deux courbes données. En prenant *cd* pour ligne de terre, ces courbes
seront projetées en vraie grandeur sur le plan vertical : je supposerai que ce soient deux demi-cercles
égaux, tels que *cg'd*, *e'i'f*. Pour trouver une quelconque des génératrices de la surface, je mène par
la directrice *ab* un plan *abg'*. Il coupe les plans des
cercles suivant des droites parallèles projetées en *bg*
et *bg'*, *hi* et *h'i'* ; et ces parallèles coupent les cercles
aux points projetés en *g* et *g'*, *i* et *i'*. Donc, en tirant
les droites *gi* et *g'i'*, on aura les projections d'une
génératrice.

Je détermine le point [*a*,*a'*] où cette génératrice rencontre la directrice *ab*, et je remarque que le plan *abg'*, contenant ces deux lignes, doit être tangent à la surface au point *a*. Je mène dans ce plan la droite [*am*,*a'm'*] parallèle à *bg'*, et je mène aussi les tangentes [*gk*,*g'k'*], [*il*,*i'l'*], aux deux cercles. On a ainsi trois droites parallèles au plan vertical ; et le paraboloïde qu'on engendre en les prenant pour directrices, a les mêmes plans tangents que la surface proposée, en tous les points de la génératrice commune (74).

Maintenant cherchons une autre génératrice de ce paraboloïde. A cet effet, on conduit un plan par la première de ces trois droites et par la trace horizontale *l* de la seconde tangente : il est clair que la trace horizontale de ce plan est *aln*, et que sa trace verticale est une parallèle *no'* à *a'm'*. Il rencontre la première tangente au point [*o*,*o'*], et en tirant *ol* et *o'l'* on a les projections d'une droite qui doit rencontrer la ligne [*am*,*a'm'*] : cette droite est une nouvelle génératrice du paraboloïde. Alors on peut encore engendrer cette surface en faisant glisser une droite parallèlement au plan vertical sur les deux génératrices connues (73) : c'est à dire que tout plan parallèle au plan vertical coupe ces lignes en deux points qui déterminent une droite située sur le paraboloïde.

Cela posé, soit le point de contact [*p*,*p'*], donné sur la première génératrice [*ag*,*a'g'*] : par ce point, parallèlement au plan vertical, je conduis un plan qui coupe la seconde [*ol*,*o'l'*], en un point [*q*,*q'*]. La droite [*pq*,*p'q'*], passant par ce point et par le point donné, doit être dans le plan tangent cherché : or, la droite [*ag*,*a'g'*] doit y être aussi ; donc les traces horizontales, *a* et *r*, de ces droites, déterminent la trace horizontale *ta* du plan tangent : et quant à la trace verticale *at'* elle doit passer en *g'* et de plus être parallèle à *p'q'*.

106. PROBLÈME XXIV. *Mener un plan tangent au conoïde décrit par une horizontale, qui se meut en s'appuyant sur une droite verticale et sur une courbe située dans un plan vertical.*

La projection horizontale de la directrice verticale est un point *a* (fig. XXIV), et sa projection verticale est une perpendiculaire *a'a"* à *xy* : je supposerai que la courbe donnée *bd'c* est dans le plan vertical de projection. Ayant pris le point *p* sur le plan horizontal, tirez *apd*, élevez sur *xy* la perpendiculaire *dd'* qui coupe la courbe en *d'*, et menez l'horizontale *d'p'* ainsi que la ligne de projection *pp'*. Il est clair que *dp* et *d'p'* sont les projections d'une génératrice, et que *p* et *p'* sont celles d'un point de cette génératrice. C'est le plan tangent en ce point qu'on va déterminer.

Menez la tangente *d'e*. Le paraboloïde décrit par une horizontale qui glisse sur cette tangente et sur la verticale donnée se raccorde parfaitement, dans toute l'étendue de la génératrice [*dp, d'p'*], avec la surface proposée. En tirant *ce* on a une seconde génératrice de ce paraboloïde ; et en menant par le point [*p,p'*] un plan parallèle au plan vertical, il coupe cette surface suivant une droite [*pq, p'q'.*] qui doit être dans le plan tangent. Or, l'horizontale [*dp, d'p'*] doit y être aussi, et dès lors ce plan est déterminé. Sa trace horizontale *ta* doit passer en *q* et être parallèle à *dp* ; sa

trace verticale *αt'* doit passer en *d'* et être parallèle
à *p'q'*.

La tangente *ed'* va couper *a'a''* en un point *a''*, qui
est évidemment la projection verticale d'une génératrice du paraboloïde : or, cette génératrice, aussi bien
que toutes celles qui appartiennent au même mode
de génération, doit être rencontrée par la droite
[*pq*, *p'q'*] ; et c'est pour cela que la projection *p'q'* passe
au point *a''*.

107. PROBLÈME XXV. *Mener un plan tangent à une
surface engendrée par une droite horizontale, qui est
assujettie à rencontrer toujours une courbe tracée sur
un cylindre vertical et à rester constamment ou tangente
ou normale à un autre cylindre vertical.*

Je supposerai que la directrice tracée sur le premier cylindre vertical est une *hélice*, comme cela
arrive dans plusieurs applications de la géométrie
descriptive à la coupe des pierres et à la charpente.
C'est pourquoi je vais rappeler d'abord la construction et les propriétés de cette courbe.

1° Soit *cd* (fig. *c*) l'intersection d'un cylindre vertical par un plan horizontal : sur *cd* prenez une origine quelconque *o*, et sur les génératrices du cylindre, au dessus des différents points de *cd*, portez des
hauteurs $o'n'$, $o''n''$, $o'''n'''$,... proportionnelles aux arcs
oo', oo'', oo''',... Le lieu des points n', n'', n''',... ainsi
déterminés, est une *hélice*. Par exemple, on peut
supposer les arcs égaux entre eux, et $o'n'$ égal à une
hauteur donnée H ; alors il faudra prendre $o''n'' = 2H$,
$o'''n''' = 3H$, etc.

2° Si on développe le cylindre sur un plan, je dis

que l'hélice deviendra une droite. Pour le démontrer, considérons la courbe *cd* comme un polygone d'une infinité de côtés, et le cylindre comme un prisme dont les faces sont infiniment étroites; puis concevons que ces différentes faces tournent autour des arêtes pour venir s'appliquer dans un seul plan. Il est évident que les côtés de la base, ne devant pas cesser d'être perpendiculaires à ces arêtes, se placeront sur une droite *ef*, de telle sorte que les arcs oo', oo'',... deviendront des parties ii', ii'',... de cette droite. D'un autre côté, il est clair que dans le développement ces arcs conservent les mêmes longueurs, et que les hauteurs $o'n'$, $o''n''$,... ne font que prendre de nouvelles positions $i'm'$, $i''m''$,...; donc ces hauteurs sont proportionnelles aux distances ii', ii'',...; donc l'hélice est développée en ligne droite.

3° Cette droite *ih*, suivant laquelle s'est développée l'hélice, forme des angles égaux avec toutes les génératrices : or ces angles sont les mêmes que formaient, avant le développement, les côtés ou éléments de l'hélice avec les arêtes qui leur étaient contiguës; donc ces derniers angles sont aussi égaux; donc les tangentes à l'hélice, qui ne sont autre chose que ces côtés prolongés, sont toutes également inclinées sur les génératrices du cylindre.

4° On peut supposer que le développement a été fait dans un plan tangent au cylindre; par exemple, dans celui qui aurait été mené par l'arête $o''n''$. Alors il est facile de voir que les droites io'' et in'', sur lesquelles se développpnet la base oo'' et l'hélice on'', sont respectivement tangentes à ces courbes; et de là résulte une construction bien simple de la tangente à

12

l'hélice. Supposons qu'on demande la tangente au point n'' : sur la tangente eo''' à la base cd, on prendra la distance io''' égale à l'arc oo''' rectifié, et en joignant in''' on aura la tangente demandée.

Revenons au problème proposé. Soit (fig. XXV) ab la trace horizontale d'un cylindre vertical auquel les génératrices doivent être normales : ces génératrices auront pour projections horizontales des normales à cette courbe. Or ces normales, par leurs intersections successives, forment une courbe ef à laquelle elles sont tangentes, et par suite les génératrices de la surface gauche sont elles-mêmes tangentes au cylindre vertical élevé sur cette courbe ; on voit donc par là comment il se fait que la question à résoudre est absolument la même quand les génératrices sont normales à un cylindre vertical, et quand elles lui sont tangentes. Soit chd la trace d'un autre cylindre vertical, sur lequel est tracée l'hélice directrice, construite en prenant des verticales proportionnelles aux arcs $oo', oo'',...$ au dessus des différents points $o', o'',...$ Pour déterminer cette courbe, il suffira de connaître la hauteur H correspondante à un arc donné oo'.

Supposons qu'on demande le plan tangent au point dont la projection horizontale est p. D'après ce qui précède, on aura la projection horizontale de la génératrice sur laquelle ce point est situé en menant pk tangente à la courbe ef ; et la hauteur de cette génératrice sera connue par la proportion $oo' : ohg :: H : x$. Mais, pour plus de commodité, je rapporterai les constructions à un plan horizontal placé au dessous de la génératrice à une distance 3H. Quant au plan vertical, je le prendrai perpendiculaire à cette génératrice ; par conséquent la ligne de terre xy sera perpendiculaire à pk. Alors, en prolongeant pk jusqu'en m, et élevant sur xy la perpendiculaire $mq = 3H$, le point q sera celui où la génératrice rencontre le plan vertical. Or, le plan tangent doit contenir cette génératrice ; donc sa trace horizontale sera parallèle à pk, et sa trace verticale passera en q.

Si on prend l'arc gh triple de oo', le point h sera celui où l'hélice directrice est rencontrée par le plan horizontal. Si on mène gi tangente à chd et égale à l'arc gh rectifié, le point i sera, sur ce plan, le pied de la tangente à l'hélice au point projeté en g. Enfin si on tire ik, cette droite et celle qui est projetée en gk seront des génératrices du paraboloïde engendré par une horizontale qui glisserait sur la tangente à l'hélice et sur la verticale élevée en k. Or, je dis que ce paraboloïde se raccorde exactement avec la surface gauche proposée, dans toute l'étendue de la génératrice commune.

D'abord, dans les deux surfaces la génératrice est horizontale, et au point projeté en g le plan tangent est évidemment commun ; il suffit donc de prouver qu'il en est de même du plan tangent au point projeté en k (74, scolie.). Et en effet, le plan tangent en ce point, à la surface proposée, doit contenir la génératrice horizontale tangente au cylindre ef, ainsi que la tangente à la courbe décrite sur ce cylindre par la génératrice de la surface ; donc ce plan est tangent aussi au cylindre ef, et par conséquent il contient la verticale élevée en k. Mais le plan tangent au paraboloïde doit aussi contenir cette verticale ainsi

que la génératrice horizontale; donc les deux plans
tangents n'en font qu'un. Donc, suivant la génératrice commune, le paraboloïde se raccorde avec la
surface proposée.

Tous les plans parallèles aux deux directrices du
paraboloïde doivent couper cette surface suivant des
droites. Si on conduit un tel plan par le point donné
$[p,q]$, sa trace horizontale est une parallèle pr à gi,
laquelle rencontre ki en r. Le point r appartient au
plan tangent mené au paraboloïde par le point donné : or, ce plan est aussi tangent à la surface gauche;
donc, si on mène $r\alpha$ parallèle à pk et si on joint αq,
le plan tangent cherché sera $r\alpha q$.

Si on avait à déterminer d'autres plans tangents à
la même surface, en des points situés sur différentes
génératrices, il faudrait effectuer des constructions
toutes semblables. Par exemple, que la projection
horizontale d'un point de la surface soit donnée en
s, on mènera la tangente st, on prendra une nouvelle
ligne de terre uv perpendiculaire à cette tangente, etc.
L'épure dispense d'entrer dans de plus amples explications.

TROISIÈME PARTIE.

Considérations générales.

108. Une ligne est déterminée au moyen d'une propriété qui la caractérise, ou par le mouvement d'un point, ou enfin quand on connaît deux surfaces sur lesquelles elle est contenue. C'est comme intersections de surfaces que les lignes se présentent dans la plupart des applications de la Géométrie descriptive ; et c'est principalement sous ce point de vue qu'elles seront considérées dans cette troisième partie. Cependant je proposerai l'hélice et l'épicycloïde sphérique comme exemples des deux premiers modes de détermination.

Dans les autres exemples, la question à résoudre sera toujours comprise dans cet énoncé général : *deux surfaces étant données, trouver les projections de la courbe d'intersection et celles de la tangente en un point quelconque de cette courbe.* Quand l'une des surfaces sera plane, *il faudra en outre construire l'intersection dans ses vraies dimensions ;* et quand l'une des surfaces sera développable, *on cherchera ce que devient l'intersection dans le développement de cette surface.*

109. Commençons par le cas le plus simple, et supposons qu'il s'agisse de l'intersection d'un plan et d'une surface courbe. La génération de la surface

étant connue, on considèrera la génératrice dans diverses positions, et pour chaque position on déterminera sa rencontre avec le plan. On aura ainsi les
projections d'autant de points qu'on voudra, appartenant à la section cherchée; et, pour avoir les projections de cette section, il n'y aura plus qu'à joindre
par un trait continu les points trouvés sur chaque
plan de projection.

110. Dans le cas où il faut trouver l'intersection de
deux surfaces courbes, voici le procédé général. On
les coupe en même temps par une suite de plans :
chacun de ces plans détermine, dans les surfaces,
deux lignes courbes dont on construit les projections;
et les points communs à ces projections appartiennent
à celles de l'intersection demandée. En répétant ces
opérations pour différents plans, on aura les projections de la courbe d'intersection avec autant d'exactitude qu'on voudra.

Il semble au premier coup d'œil que les déterminations auxquelles donne lieu chaque plan auxiliaire
exigent le tracé de quatre courbes, deux sur le plan
horizontal et deux sur le plan vertical. Mais il n'y en
a réellement que deux à construire : car, par exemple, après avoir trouvé les deux courbes de la projection horizontale, les intersections de ces courbes
sont les projections horizontales de points qui appartiennent à l'intersection des deux surfaces; et comme
ces points sont dans le plan auxiliaire, on aura facilement leurs projections verticales au moyen de leurs
projections horizontales, sans employer aucune autre
courbe (20).

Au reste, comme les plans auxiliaires sont entièrement arbitraires, on peut les prendre parallèles à un des plans de projection, au plan horizontal par exemple. Alors, les sections des deux surfaces, par chacun de ces plans, se projetteront verticalement sur une ligne droite parallèle à la ligne de terre, et les constructions seront considérablement simplifiées.

111. Mais il y a des cas particuliers qui se présentent fréquemment, et dans lesquels le choix des plans auxiliaires est indiqué par la nature même des surfaces dont on cherche l'intersection.

Si l'une des surfaces est un cylindre, on prend des plans parallèles aux génératrices du cylindre, parce qu'alors on est assuré que leurs intersections avec cette surface seront des lignes droites. Et, si les deux surfaces données sont cylindriques, les plans auxiliaires devront être à la fois parallèles aux génératrices de l'une et de l'autre.

Quand l'une des surfaces est un cône, on fait passer les plans par le sommet; et, quand l'autre surface est aussi un cône, on les fait passer par la droite qui joint les deux sommets. De cette manière, les sections faites dans ces cônes se réduisent à de simples lignes droites.

Si l'une des surfaces est un cône, et l'autre un cylindre, les plans doivent passer par le sommet de la première, et être parallèles aux génératrices de la seconde.

Si l'une des surfaces est de révolution, les sections auxiliaires seront perpendiculaires à l'axe de cette surface, ce qui donnera des cercles.

112. Pour trouver l'intersection de deux surfaces, on a prescrit de couper ces surfaces par une suite de

plans : cependant on conçoit qu'au lieu de plans, on pourra employer d'autres surfaces, pourvu qu'il soit facile d'obtenir leurs intersections avec les surfaces proposées. Ce cas sera celui de deux surfaces de révolution dont les axes se rencontrent. Alors on fera usage de sphères qui ont toutes pour centre commun la rencontre des deux axes : Il est clair que chaque sphère coupe les deux surfaces de révolution suivant des cercles faciles à déterminer, et que les points communs à ces cercles appartiennent à l'intersection des deux surfaces.

113. Parlons maintenant de la tangente. Il faut d'abord rappeler que le plan tangent en un point d'une surface renferme les tangentes menées en ce point à toutes les courbes qu'on peut tracer, par ce même point, sur la surface. De là il suit que, si une ligne résulte de l'intersection d'une surface courbe avec un plan donné, pour avoir la tangente en un point de cette ligne, il faut construire le plan tangent à la surface au point dont il s'agit, et déterminer l'intersection de ce plan avec le plan donné. En général, si une ligne est l'intersection de deux surfaces quelconques, on mènera, par le point que l'on considère sur cette ligne, les plans tangents aux deux surfaces ; et l'intersection de ces plans sera la tangente demandée.

114. Cette tangente se détermine encore par une autre considération. D'après la définition (51), les normales menées aux deux surfaces, par un point de leur intersection, sont respectivement perpendiculaires aux deux plans qui seraient conduits par ce même point tangentiellement à ces surfaces ; donc la

tangente cherchée, qui est l'intersection des plans
tangents, est perpendiculaire au plan des deux normales; donc cette tangente s'obtiendra en menant
par le point de contact une perpendiculaire au plan
des normales.

Dans le cas des surfaces de révolution, ce procédé
est préférable au premier, parce qu'alors les normales sont plus faciles à déterminer que les plans
tangents.

115. Toutes les constructions devant s'effectuer
par la méthode des projections, il est bon d'observer
que les projections de la tangente à une courbe quelconque seront elles-mêmes tangentes aux projections
de cette courbe. Cette conséquence s'obtient immédiatement quand on regarde la tangente comme le
prolongement indéfini de l'élément d'une courbe.
En effet, alors il est clair qu'en projetant, par exemple
sur le plan horizontal, un élément de la courbe, on
aura un élément de la projection de cette courbe, et
que par conséquent, si on prolonge ces deux éléments, on aura deux droites dont la seconde sera la
projection de la première : c'est à dire que les projections de la tangente à une courbe sont tangentes
aux projections de cette courbe.

116. Il peut y avoir, sur l'intersection de deux
surfaces, des points où les constructions précédentes
soient en défaut. D'abord, il peut s'y trouver un
point tel que les plans tangents aux deux surfaces se
confondent, de sorte que, au lieu de deux plans qui
contiennent la tangente, on n'en a plus qu'un seul.
Dans ce cas, il y a rarement d'autre méthode à suivre
pour déterminer la tangente, que de mener méca-

niquement, au moyen de la règle, des tangentes aux projections de l'intersection. En second lieu, un point de l'intersection peut être tel que les deux plans tangents qui déterminent la tangente soient perpendiculaires à l'un des plans de projection. Alors la tangente est elle-même perpendiculaire à ce plan, et s'y projette en un point unique. La tangente à la projection de l'intersection reste donc tout à fait indéterminée, et le plus souvent elle ne pourra être construite que d'une manière mécanique.

Cependant il sera bon, dans ces cas particuliers, de considérer la tangente à l'intersection, en un point très voisin de celui dont il s'agit; de supposer ensuite que le second point se rapproche indéfiniment du premier, et d'examiner s'il n'existe pas une droite facile à construire vers laquelle tende la tangente et avec laquelle elle se réunisse à la limite : cette droite ne sera autre que la tangente cherchée.

Sections des surfaces courbes par des plans.

117. Problème I. *Intersection d'un cylindre perpendiculaire au plan horizontal par un plan perpendiculaire au plan vertical.*

La solution contiendra trois parties distinctes. Dans la première, on déterminera les projections de la courbe d'intersection et celles d'une quelconque de ses tangentes; dans la seconde, on trouvera cette courbe en vraie grandeur et on construira sa tangente; enfin, dans la troisième, on développera le cylindre sur un plan, on cherchera ce que devient alors la courbe d'intersection, et quelle est la tangente à la nouvelle courbe.

Projections. D'après l'énoncé, la trace horizontale du cylindre peut être telle courbe qu'on voudra *abc...* (Prob., 3ᵉ part. fig. I), et ses génératrices sont verticales; la trace verticale du plan coupant est une droite quelconque *qp'*, et sa trace horizontale *qp* est perpendiculaire à la ligne de terre *xy*. Toute ligne située sur le cylindre a pour projection horizontale la courbe *abc...*, et toute ligne située dans le plan *pqp'* a pour projection verticale la droite *qp'* : ainsi, on connaît déjà les projections de la courbe d'intersection. Prenons un point *m* à volonté sur *abc...*, et perpendiculairement à *xy* menons *mm″m'* qui coupe *pq'* en *m'*. Il est clair que *m'm″* est la projection verticale de la génératrice qui passe en *m*, et que le point où cette génératrice rencontre le plan *pqp'* a pour projections *m* et *m'* : donc *m* et *m'* sont les projections d'un point de la courbe d'intersection. En répétant cette construction, on peut obtenir les projections d'autant de points qu'on voudra.

La tangente en un quelconque de ces points est facile à obtenir. Considérons le point [*m, m'*]. Le plan tangent au cylindre, en ce point, est vertical, et a pour trace horizontale la tangente *mn* à la base *abc...* : or, la tangente cherchée est l'intersection de ce plan avec le plan donné; donc les projections de cette tangente sont *mn* et *qp'*.

Vraie grandeur. Rabattons le plan *pqp'* sur l'un des plans de projection. Si on le fait tourner autour de la trace *qp'*, on remarquera que le point [*m, m'*] est, dans l'espace, sur une perpendiculaire à *qp'*, à une distance de *m'* égale à *mm″*; de sorte qu'en élevant sur *qp'* la perpendiculaire *m'M* égale à *mm″*, le point

M appartiendra à la courbe cherchée. La même construction fait connaitre autant de points qu'on veut,
et on trouve ainsi la courbe ABC... Pour avoir la
tangente à cette courbe au point M, il suffit d'observer que dans le rabattement la ligne qn se place, sans
changer de grandeur, en qN perpendiculairement à
qp'; de sorte qu'en tirant MN on a la tangente au
point M.

Si on veut faire tourner le plan pqp' autour de sa
trace horizontale pq, on mène mr perpendiculaire
à pq, puis on imagine, dans l'espace, une droite entre
le point r et le point $[m, m']$: cette droite est perpendiculaire à pq, et elle est projetée en vraie longueur
sur qm'; donc on prolongera mr d'une quantité
rM$' = qm'$, et le point M' sera un point de la courbe
rabattue sur le plan horizontal. Une construction
semblable peut se faire pour tous les points. Quant
à la tangente, elle ne cesse point de passer en n, et
on l'obtient en tirant la droite nM'.

On n'a pas toujours un espace assez étendu pour
opérer l'un des deux rabattements ci-dessus : voici
un moyen de parer à cet inconvénient. Par un
point d', convenablement choisi sur qp', concevez
une perpendiculaire au plan vertical, laquelle sera
tout entière dans le plan pqp' et aura pour projection
horizontale une droite dd' perpendiculaire à xy.
Faites tourner le plan pqp' autour de cette droite
jusqu'à ce qu'il soit horizontal, et alors la courbe
située dans ce plan se projettera en vraie grandeur
sur le plan horizontal. Or cette projection est facile
à construire. En effet, après la rotation du plan pqp',
la ligne qp' se place en uv parallèlement à xy, et en

même temps le point $[m,m']$ décrit parallèlement au
plan vertical un arc dont la projection verticale est
l'arc $m'm_i$ tracé du centre d', et dont la projection
horizontale est sur mr parallèle à xy; donc en menant sur xy, par le point m_i, une perpendiculaire
m_iM'' terminée à mr, on aura la projection du
point $[m, m']$, tel qu'il est situé quand la courbe
est devenue horizontale. En appliquant la même
construction aux autres points, on trouve la
courbe $A''B''C''$....

Le point de contact est maintenant en M''. Pour
avoir la tangente, on peut au moyen de la même
construction en déterminer un second point, N''.
Mais on peut encore remarquer que le point où elle
coupe l'axe, autour duquel se fait la rotation, n'a
pas dû changer de position. Or, il était d'abord projeté en o, à la rencontre de mn avec $d'd$; donc la
tangente au point M'' doit passer en o.

Développement. En considérant un cylindre comme
un prisme d'une infinité de faces, on voit sur le
champ que si on développe cette surface sur un
plan, toute section perpendiculaire aux arêtes devient une droite à laquelle les arêtes restent encore
perpendiculaires, et que les longueurs comprises sur
ces arêtes, entre la section perpendiculaire et la section oblique, ne doivent pas changer. Donc, après
avoir divisé la courbe $abc...$ en plusieurs arcs
ab, bc, cd,... on prendra sur une droite les distances
$\alpha\beta$, $\beta\gamma$, $\gamma\delta$,... respectivement égales à ces arcs, puis
on élèvera sur cette droite les perpendiculaires
$\alpha\alpha'$, $\beta\beta'$, $\gamma\gamma'$,... égales aux portions d'arêtes dont les
véritables longueurs sont dans le plan vertical en

$a''a'$, $b''b'$, $c''c'$,... La courbe ainsi produite par le développement du cylindre sera $\alpha'\beta'\gamma'$...

Supposons que le point $[m, m']$ soit devenu μ', et remarquons que dans le développement les éléments de la courbe, et par conséquent les tangentes, ne changent pas d'inclinaison à l'égard des arêtes. Or la tangente au point $[m, m']$ passe en n, et l'angle de cette tangente avec l'arête du cylindre fait partie d'un triangle rectangle dont mn est la base et $m''m'$ la hauteur; donc si on prend, du côté convenable, $\mu\nu = mn$, et si on joint $\mu'\nu$, on aura la tangente à la nouvelle courbe $\alpha'\beta'\gamma'$...

Remarques. Dans l'épure, la courbe abc... est un cercle; mais l'explication précédente n'en est pas moins générale. Par conséquent, quelle que soit la courbe abc..., il devra toujours arriver que les tangentes en m et M', aux courbes abc... et A'B'C'..., coupent la trace pq au même point n, ou bien, ce qui est la même chose, que les tangentes en m et M'', aux courbes abc... et A''B''C''..., coupent la droite $d''d$ au même point o. De là ce théorème remarquable :

Si on coupe un cylindre quelconque par plusieurs plans passant par une droite perpendiculaire aux génératrices, et qu'on rabatte toutes les sections sur un seul plan en les faisant tourner autour de cette droite, les tangentes à ces différentes courbes, aux points situés sur une perpendiculaire à la droite commune, iront rencontrer cette droite au même point.

Cette propriété est analogue à celle qui est si connue pour les ellipses décrites sur un axe commun; et elle n'a lieu à l'égard de ces ellipses que parce qu'elles sont les intersections d'un même cylindre par des plans disposés comme l'exige l'énoncé ci-dessus.

118. PROBLÈME II. *Intersection d'un cylindre quel-conque par un plan perpendiculaire à ses génératrices.*

Projections. Supposons que la trace horizontale du cylindre soit *abc*... (fig. II), et qu'on ait déterminé les limites des projections de ce cylindre comme dans le n° 76. Le plan coupant étant perpendiculaire aux génératrices, ses traces doivent être perpendiculaires aux projections de ces lignes : supposons que ce soient *pq* et *qp'*. La question est d'abord de trouver les projections de la section faite dans le cylindre, laquelle prend ici le nom de *section droite* à raison de ce que le plan coupant est perpendiculaire au cylindre.

Il faut, selon ce qui a été dit n° 109, chercher les intersections des génératrices du cylindre avec le plan *pqp'*. Considérons, par exemple, la génératrice [*ae*,*a'e'*], et imaginons un plan vertical par cette droite. La projection horizontale de l'intersection de ce plan avec *pqp'* est *ae*, et on a un point de la projection verticale en abaissant *hh'* perpendiculaire à *xy*. Pour en avoir un autre, je mène, par un point quelconque [*z*,*z'*], de la trace *qp'*, une parallèle [*zo*,*z'o'*] à *pq*; et il est évident que la rencontre *o*, de *zo* avec *ae*, est la projection horizontale d'un point commun aux deux plans. De là on conclut la projection verticale *o'* de ce point, et ensuite *h'o'* qui est celle de la droite suivant laquelle se coupent les deux plans. C'est donc la rencontre de *a'e'* avec *h'o'* qui fera connaître la projection verticale e' d'un point de la section droite, et par suite la projection horizontale e.

En menant comme ci-dessus des plans verticaux par différentes génératrices, ils coupent le plan pqp' suivant des droites parallèles entre elles, et dont par conséquent les projections verticales sont parallèles à $h'o'$. Les intersections de ces parallèles avec les projections verticales des génératrices déterminent des points aussi rapprochés qu'on voudra, de sorte que les projections de la section droite doivent être regardées comme connues.

Supposons qu'on veuille la tangente à la section au point $[m,m']$. Par le pied k de la génératrice qui contient ce point, menez kr tangente à la base; kr sera la trace horizontale du plan tangent au cylindre. Or, la tangente demandée est à la fois dans ce plan et dans le plan pqp'; donc le point r, où kr rencontre qp, appartient à cette tangente; donc mr est la projection horizontale de la tangente. Pour en avoir la projection verticale, on abaisse rr' perpendiculaire sur xy et on tire $m'r'$.

Vraie grandeur. Faisons tourner le plan pqp' autour de pq pour l'appliquer sur le plan horizontal. Puisque mn est perpendiculaire à pq, la droite qui, dans l'espace, joint le point $[m,m']$ au point n est perpendiculaire aussi à pq, et elle le sera encore après le rabattement; donc, si on construit sa vraie longueur pour la porter en nM sur le prolongement de mn, le point M appartiendra à la courbe rabattue. En répétant cette construction on détermine la courbe EFG... Quant à la tangente, elle ne cesse point de passer en r, et par conséquent, après le rabattement, elle sera rM.

Développement. Quand on développe le cylindre sur un plan, il est clair que la section droite EFG… devient une ligne droite, et que les distances comprises sur les génératrices, entre cette courbe et la base abc…, ne changent pas. Or, ces distances sont faciles à trouver puisqu'on connaît leurs projections ; donc, après avoir pris sur une droite quelconque des intervalles $\varepsilon\varphi$, $\varphi\gamma$,… respectivement égaux aux arcs EF, FG,… on élèvera les perpendiculaires εA, φB, γC,… égales à ces distances, et on aura ainsi la courbe ABC… qui provient de abc.., par l'effet du développement.

Supposons que l'ordonnée μK corresponde à la projection mk, et qu'on demande la tangente au point K de la courbe ABC… On remarquera qu'il y a dans l'espace un triangle rectangle dont la projection est krm, dont l'hypoténuse est kr, dont un côté est égal à rM, et un autre égal à μK. Or la tangente demandée doit faire avec μK le même angle que kr avec la génératrice du cylindre : c'est pourquoi l'on prendra $\mu\rho = Mr$, et ρK sera la tangente demandée.

Remarque. Lorsque la section est oblique aux génératrices, on trouve les projections de la courbe et de la tangente par des constructions semblables aux précédentes. Mais, pour rabattre la courbe sur le plan horizontal, il faut tracer les projections et construire les vraies grandeurs des perpendiculaires abaissées, des différents points de cette courbe, sur la trace horizontale du plan coupant. Quant au développement du cylindre, pour l'effectuer, il faudra

13

chercher préalablement la section droite, et la développer en ligne droite, comme on l'a fait plus haut :
les points de la section oblique devant toujours rester
aux mêmes distances de la section droite, il sera facile de les rapporter dans le développement.

119. PROBLÈME III. *Section d'un cône par un plan
verpendiculaire au plan vertical.*

Projections. Il est évident que la projection verticale de la section se confond avec la trace verticale du
plan coupant pqp' (fig. III). Soient om, $o'm'$, les projections d'une génératrice quelconque du cône, il est
facile de trouver les projections n, n', de son intersection avec le plan pqp' ; et, en répétant la construction pour autant de génératrices qu'on voudra, on
obtiendra la projection horizontale $efg...$ de la section conique.

Le cône représenté dans l'épure est droit et à base
circulaire, son axe est vertical, et les deux génératrices parallèles au plan vertical sont projetées, l'une
en oa, $o'a'$, et l'autre en od, $o'd'$. Dans ce cas, on
peut encore obtenir les points de la courbe $efg...$ en
coupant le cône par des plans horizontaux : soit $h'i'$
la trace verticale d'un tel plan. Ce plan coupe le cône
suivant un cercle dont la projection horizontale est
un cercle décrit du centre o sur un diamètre égal à
$h'i'$; et il coupe le plan pqp' suivant une perpendiculaire au plan vertical, de laquelle on obtient facilement la projection horizontale nn_1. Les points n et n_1,
où cette perpendiculaire coupe le cercle, appartiennent à la projection horizontale de la section
conique. D'autres plans horizontaux feront trouver

d'autres points. Il n'est pas inutile de remarquer que les points situés sur la ligne oo'', perpendiculaire à xy, peuvent être donnés par cette construction, tandis qu'ils échappent à la première.

Pour avoir la tangente au point n de la courbe $efg...$, menez à la base du cône la tangente mr, qui est la trace horizontale du plan tangent au point $[n,n']$ de la section conique. Le point r, où mr rencontre pq, appartient à la tangente qui serait menée à la section conique au point $[n,n']$; donc nr est la projection de cette tangente, ou ce qui est la même chose, nr est tangente à la projection $efg...$ de la section conique (115).

Vraie grandeur. Qu'on rabatte la courbe sur le plan vertical ou sur le plan horizontal les constructions sont les mêmes que dans le problème précédent. Avec les données que nous avons choisies on obtient une ellipse dont le grand axe est égal à $e'k'$. On en trouverait le petit axe en cherchant les points de la courbe qui ont leur projection verticale située au milieu de $e'k'$, ce qui ne peut offrir aucune difficulté.

Développement. Dans l'hypothèse de la figure, c'est à dire en supposant le cône droit, imaginez qu'on ouvre ce cône suivant l'arête correspondante au point a et qu'on le développe sur un plan. Tous les points de la base $abc...$ étant à une distance du semmet égale à $o'a'$ devront se placer sur un arc de cercle décrit avec le rayon $o'a'$ et intercepter entre eux, sur cet arc, des parties de même longueur que sur la circonférence $abc...$ Soit $\alpha\beta\gamma....$ un arc décrit avec le rayon $\omega\alpha = o'a'$: supposez que la circonférence $abc...$ ait été préalablement divisée en arcs tels que ab, $bc,...$

subdivisez ces arcs en parties assez petites pour être
regardées comme des lignes droites, et portez ces
parties sur l'arc $\alpha\beta\gamma$... Il est facile d'avoir ainsi les
arcs $\alpha\beta$, $\beta\gamma$,... qui seront sensiblement égaux aux
arcs ab, bc,... et il est clair que par l'effet du développement les génératrices correspondantes aux points
a, b, c,... viendront coïncider avec $\omega\alpha, \omega\beta, \omega\gamma$,...

  Les points de la section cônique, situés sur ces génératrices, ne doivent pas changer de distances par
rapport au sommet : or, il est évident que ces distances sont données sur la ligne $o'a'$, entre le point
o' et les parallèles menées à xy par les projections
e', f', g',... ; donc, si on porte ces distances en $\omega\varepsilon$, $\omega\varphi$,
$\omega\chi$,... on déterminera la courbe $\varepsilon\varphi\chi$,... en laquelle
se transforme la section conique après que le cône
est développé.

  La tangente s'obtient, comme dans le cas du cylindre, en observant qu'avant et après le développement, chaque élément de la section conique soit toujours le même angle avec la génératrice contiguë.
Supposons, par exemple, que le point ν corresponde
au point $[n, n']$ de la section conique. La tangente
en ce dernier point est l'hypoténuse d'un triangle
rectangle dont un côté est mr, et dont l'autre côté,
qui est projeté en mn, a pour vraie grandeur $\mu\nu$;
donc, si on élève à $\mu\nu$ la perpendiculaire $\mu\rho$ égale à
mr, et si on joint les points ν et ρ, la droite $\nu\rho$ sera
tangente à la nouvelle courbe $\varepsilon\varphi\chi$...

  Dans le cas d'un cône quelconque, le développement ne se ferait plus au moyen d'un secteur de cer-
cle tel que $\omega\alpha\alpha_{,}$. Alors ce qu'il y a de plus simple,
c'est de partager la base abc... en parties très petites,

de regarder ces parties comme des lignes droites, et
le cône comme une pyramide. On peut avoir facilement les trois côtés de chacune des faces de cette pyramide : on pourra donc construire toutes ces faces
successivement et obtenir ainsi le développement du
cône. Il est également facile d'avoir les distances du
sommet du cône aux différents points de la section
conique, et, par suite, de trouver la courbe produite
dans le développement par cette section. Et quant à
la tangente, on la détermine en construisant sur $\mu\nu$
un triangle obliquangle dont un côté $\mu\rho$ est encore
égal à mr, mais dont le troisième côté $\nu\rho$ se conclut
de ses deux projections nr et $n'q$.

Remarque. C'est pour plus de simplicité que, dans
l'énoncé, on a supposé le plan coupant perpendiculaire au plan vertical. En lui donnant une position
quelconque les constructions deviennent plus compliquées, sans être plus difficiles.

120. PROBLÈME IV. *Intersection d'un cône et d'un
plan, dans le cas où la courbe d'intersection a des
asymptotes.*

Le plan coupant pqp' (fig. IV) étant toujours perpendiculaire au plan vertical, supposons qu'un plan
parallèle $o'm'm$, mené par le sommet, coupe le cône
suivant les deux génératrices $[om, o'm']$ et $[on, o'm']$.
Les génératrices très voisines de celles-ci sont encore
rencontrées par le plan pqp', mais elles le sont à des
distances très grandes ; de sorte que celles qui sont
dans le plan $mm'o'$ doivent être considérées comme
rencontrées en des points infiniment éloignés. De là
on conclut que la section conique doit avoir des

branches infinies. D'ailleurs, toutes les constructions
du problème précédent doivent se répéter ici. Dans
l'épure, c'est encore un cône droit qu'on a pris pour
exemple, et la section est une hyperbole. On n'en a
fait le rabattement que sur le plan vertical, et on n'a
développé que la nappe inférieure du cône.

L'objet principal que nous nous proposons est de
déterminer les asymptotes de la courbe, c'est à dire,
en d'autres termes, les tangentes aux points infiniment éloignés, lesquels sont situés sur les génératrices parallèles au plan pqp'. Or, si on imagine
qu'une tangente quelconque ait été menée à la courbe
et que le point de contact s'éloigne indéfiniment,
cette tangente, à la limite, deviendra une asymptote ;
par conséquent on doit appliquer à la détermination
des asymptotes exactement les mêmes constructions
que pour toute autre tangente, et c'est ce que nous
allons faire.

La tangente en un point quelconque de la section
conique est l'intersection du plan pqp' avec le plan
tangent mené au cône, suivant la génératrice qui
contient le point de contact (113). C'est pourquoi je
mène, à la base $abc...$, les tangentes mr et ns, qui
seront les traces horizontales des plans tangents passant par les génératrices sur lesquelles sont les points
de la courbe situés à l'infini (79) ; et les points r et s,
où ces traces rencontrent pq, appartiennent aux asymptotes. Alors, pour avoir les asymptotes, on doit
joindre ces points aux points de contact, c'est à dire
qu'il faut mener, par les points r et s, des parallèles
aux génératrices $[om, o'm']$ et $[on, o'm']$; par conséquent, en menant rr, et ss, parallèles à om et on, on

a les projections horizontales des asymptotes. Ensuite, on en conclut aisément les asymptotes RR,,
SS,, à la courbe rabattue en vraie grandeur ; et aussi
les asymptotes θρ, θσ, à la courbe produite dans le
développement par la section conique.

121. PROBLÈME V. *Section d'une surface de révolution par un plan. On appliquera les constructions à la
surface gauche de révolution.*

Menez une suite de plans perpendiculaires à l'axe
et aussi rapprochés que vous voudrez : chacun d'eux
coupera le plan donné suivant une droite, et la surface de révolution suivant un cercle. Les points communs à la droite et au cercle appartiendront à l'intersection cherchée.

Je prendrai la surface gauche de révolution pour
exemple, ainsi que le prescrit l'énoncé, et je choisirai
les données comme l'indique la figure V. L'axe est
vertical, sa projection horizontale est le point o, et sa
projection verticale est la ligne o'o''; la génératrice,
prise dans la position où elle est parallèle au plan
vertical, a pour projections ab et $a'b'$, ou bien ac et
$a'c'$; enfin le plan coupant pqp' est perpendiculaire au
plan vertical. Selon la position de ce plan, la section
peut être une ellipse, ou une hyperbole, ou une parabole ; et il y a un moyen facile de reconnaître laquelle de ces trois courbes on doit avoir. D'après le
scolie II du n° 70, on transportera la génératrice de
la surface gauche parallèlement à elle-même en un
point de l'axe, par exemple, au point projeté en a' ;
on supposera alors qu'elle décrit un cône autour de
l'axe ; on mènera par le sommet un plan parallèle au

plan donné; et, selon que ce plan parallèle coupe le cône en un point, ou suivant deux droites, ou suivant une seule, on juge que la section cherchée est une ellipse, une hyperbole, ou une parabole. Dans le cas de la figure, c'est une ellipse qu'on doit trouver.

Si on mène *or* parallèle à *xy*, il est clair que la droite projetée en *or* et *o'q* divise la courbe cherchée en deux parties symétriques, c'est à dire qu'elle est un axe de la courbe : je vais déterminer d'abord les points de la courbe qui sont situés sur cet axe et qu'on nomme *sommets*. Imaginez que la ligne [*or,o'q*] engendre un cône droit autour de l'axe de révolution; chaque sommet décrit un parallèle de la surface gauche et se transporte successivement sur toutes les génératrices de cette surface. Quand il est sur la génératrice [*ab,a'b'*], la ligne [*or,o'q*] doit être dans le plan conduit par cette génératrice et par le point [*o,o'*]. Or, en menant la parallèle [*oz,o'z'*] à [*ab,a'b'*], on trouve pour ce plan la trace horizontale *bz*, qui rencontre en *u* et en *v* le cercle décrit avec le rayon *or* : de là on conclut que la ligne [*or,o'q*], en tournant, peut occuper dans ce plan deux situations différentes, lesquelles ont pour projections horizontales *ou* et *ov*. Alors elle coupe la génératrice [*ab,a'b'*] en des points projetés en *d* et *e* ; et ces points sont les positions que les sommets cherchés doivent occuper sur cette génératrice. Il n'y a donc plus qu'à faire tourner *ou* et *ov* pour ramener les points *u* et *v* en *r*; et alors *d* et *e* iront prendre position en *f* et *g*, les points *f* et *g* seront les projections horizontales des sommets cherchés, et on en conclura les projections verticales *f'* et *g'*.

C'est entre ces deux sommets que doivent être menés les plans horizontaux qui servent à trouver les points de la courbe. Soit, par exemple, $h'i'$ la trace verticale d'un de ces plans : on détermine facilement les projections horizontales, hh, et i, de ses intersections avec le plan pqp' et avec la droite $[ab, a'b']$. Donc, en décrivant une circonférence du centre o avec le rayon oi, on aura la projection horizontale du cercle suivant lequel le plan auxiliaire coupe la surface gauche. Les points h, h_1, où cette circonférence est rencontrée par la ligne hh_1, appartiennent à la projection horizontale de la courbe cherchée.

Pour avoir la tangente en un point quelconque $[h, h']$, on détermine, par la méthode connue n° 97, la trace horizontale st du plan tangent à la surface ; le point t, où cette trace coupe pq, appartient à la tangente, et en joignant th on a la projection horizontale de cette tangente.

Quant au rabattement, il se trouve comme dans les problèmes précédents : c'est la courbe FHGH₁.

Remarque. La construction employée pour déterminer les sommets mérite d'être soigneusement remarquée. Elle donne la solution de cette question : Trouver les points d'intersection d'une surface gauche de révolution avec une droite quelconque menée par un point de l'axe.

122. PROBLÈME VI. *Section de la surface gauche de révolution par un plan, dans le cas où cette section est une hyperbole. Détermination des asymptotes.*

Le moyen de reconnaître si la section est une hyperbole a été indiqué : je suppose que ce cas soit celui de la figure VI et que d'ailleurs les données aient la même disposition que dans la précédente. La droite [*or*, *o'q*] est encore un axe de la courbe d'intersection ; on détermine de la même manière les sommets [*f*, *f'*] et [*g*, *g'*], et c'est en dehors de ces points qu'on doit mener les plans horizontaux dont on se sert pour trouver des points de la courbe.

La seule particularité propre au cas qui nous occupe est la détermination des asymptotes, c'est à dire des tangentes dont le contact est à l'infini. Or, un point quelconque de la courbe résulte de l'intersection du plan donné *pqp'* avec une génératrice de la surface, et on obtient la tangente en prenant l'intersection du plan tangent en ce point avec le plan *pqp'*. Ces constructions sont donc celles qu'il faut appliquer aux points situés à l'infini. Ces points étant donnés par les génératrices qui sont parallèles au plan *pqp'*, il faut d'abord déterminer ces lignes.

La construction employée pour reconnaître que la section est une hyperbole facilite cette détermination. Supposons que le point [*o*, *a'*] soit le sommet du cône décrit autour de l'axe par une parallèle à la génératrice [*ab*, *a'b'*], et que *a'm'm* soit le plan mené par le sommet parallèlement à *pqp'* : c'est parce que ce plan coupe le cône suivant deux droites qu'on est assuré que le plan donné rencontre la surface gauche suivant une hyperbole (70). Traçons la base du cône, et déterminons les projections horizontales *om* et *on* de ces deux droites. Chaque génératrice de la surface gauche doit avoir sa parallèle sur le cône (68) ; donc celles qui sont parallèles au plan *pqp'* le sont aussi aux deux droites dont il s'agit ; donc on aura

leurs projections horizontales en menant des tangentes au collier respectivement parallèles à *om* et
à *on*.

Maintenant qu'on connaît sur la surface gauche
les génératrices qui sont rencontrées par le plan *pqp'*
en des points infiniment éloignés, il faut, pour avoir
les asymptotes, appliquer à ces points les constructions générales qui servent à trouver une tangente
quelconque. Les deux génératrices dont les projections sont parallèles à *om* doivent être considérées
comme concourantes à l'infini, et les points *h* et *i*,
où elles percent le plan horizontal, déterminent la
trace horizontale *hi* du plan tangent au point de concours. La tangente à l'hyperbole en ce point, ou,
en d'autres termes, l'une des asymptotes cherchées
est l'intersection de ce plan tangent avec le plan *pqp'* ;
donc le point *s*, où *hi* rencontre *pq*, appartient à cette
asymptote. Pour avoir cette asymptote, il reste à
joindre *s* avec le point de contact, c'est à dire qu'il
faut mener une parallèle aux génératrices qui contiennent ce point ; donc la droite *ss₁*, parallèle à *om*,
est la projection horizontale de l'une des asymptotes.
Semblablement, on trouve *tt₁*, pour celle de l'autre
asymptote. Les projections verticales de ces lignes
sont sur *qp'*, et leurs rabattements sont SS₁ et TT₁.

Remarques. Les points *m, h, i* sont en ligne droite ;
et la raison en est que les trois droites parallèles qui
aboutissent à ces points rencontrent le plan du collier
sur un même diamètre. Sur quoi l'on peut remarquer
que les plans tangents à la surface gauche ont pour
limites les plans tangents au cône. Les points *n, k, l*
sont aussi en ligne droite.

En rapprochant suffisamment le plan *pqp'* du point *a'*, il couperait le cercle du collier, et alors les branches de l'hyperbole ne seraient plus rencontrées par la droite [*or, o'q*]. Si *a'm'* parallèle à *o'q* coïncidait avec *a'c'* ou avec *a'b'*, la section serait une parabole. Ces cas n'offrant aucune difficulté, je ne m'arrête pas à les développer.

Intersections des surfaces courbes entre elles.

123. **PROBLÈME VII.** *Intersection de deux cylindres.*

On prendra les plans auxiliaires parallèles aux génératrices des deux cylindres, parce qu'alors chacun de ces plans ne pourra couper les cylindres que suivant des génératrices, d'où il suit que les points de l'intersection demandée seront donnés par des rencontres de lignes droites. Si donc, par un point [*a, a'*] pris à volonté (fig. VII-1), je mène des parallèles aux génératrices des deux cylindres, et si je construis la trace horizontale *bc* du plan de ces droites, les traces des plans auxiliaires devront être parallèles à *bc*.

Supposons qu'une de ces traces rencontre les bases des cylindres en *d, e, f, g* : on est certain que les génératrices qui passent par ces points sont situées dans un même plan, et, par suite, que les points où leurs projections se coupent appartiennent aux projections de l'intersection des deux cylindres. En conséquence, je construis les projections horizontales de ces génératrices, ce qui détermine quatre points *h, i, k, l*; puis je construis les projections verticales de ces génératrices, ce qui détermine les quatre points *h', i', k', l'*; et l'on a ainsi les projections de quatre points appartenant à l'intersection demandée. Remarquez en passant que si on joignait *h* et *h'*, *i* et *i'*, *k* et *k'*, *l* et *l'*, on aurait quatre perpendiculaires à *xy*. De nouveaux plans auxiliaires détermineront autant d'autres points qu'on voudra, et par suite on connaîtra les projections de l'intersection des cylindres.

Pour avoir les projections de la tangente en un point quelconque, on remarquera que cette tangente appartient à la fois aux deux plans tangents menés par ce point à chacun des cylindres, et que par conséquent elle est leur intersection. Supposons qu'il s'agisse du point [*n*, *n'*] déterminé par deux génératrices qui coupent les bases en *m* et *p*; on mènera à ces bases les tangentes *mq* et *pq*, qui seront les traces horizontales des deux plans tangents, puis on joindra le point *n* au point *q* où ces traces se rencontrent : la ligne *nq* sera la projection horizontale de la tangente cherchée. On en aura la projection verticale en projetant le point *q* en *q'* sur *xy*, et en tirant *n'q'*.

Remarque. Parmi tous les cas que peut présenter l'intersection des cylindres, deux principaux sont à distinguer : *la pénétration* et *l'arrachement.* Dans le premier, toutes les génératrices d'un cylindre entrent dans l'autre, et alors il y a courbe d'entrée et courbe de sortie; dans le second, une partie seulement des génératrices de chaque cylindre va rencontrer l'autre cylindre. Voici comment on reconnaît quel cas doit avoir lieu.

Imaginons qu'on ait mené à la base de chaque cylindre, parallèlement à *bc*, deux tangentes qui comprennent toute cette base, et supposons d'abord,

comme cela arrive dans la fig. VII-1, que les tangentes *rs* et *uv* à l'une des bases aillent couper l'autre
base. Les plans auxiliaires dont les traces sont *rs* et
uv renferment entre eux tout le premier cylindre;
mais ils ne comprennent sur le second que les portions de surface correspondantes aux arcs *sev* et *tdz*.
Or, il est clair que le premier cylindre rencontre ces
deux portions de surface et qu'il traverse l'intervalle
qui les sépare; donc il y a pénétration du second
cylindre par le premier.

Supposons en second lieu, comme cela arrive
dans la fig. VII-2, que chaque base soit coupée par
une des tangentes à l'autre base. Alors les plans
auxiliaires conduits suivant les tangentes *rs* et *uz*
comprennent, sur les cylindres, les portions de surface qui s'appuyent sur les arcs *urv*, *szt*; et il est évident que ces portions se rencontrent mutuellement,
tandis que les portions extérieures n'ont aucun point
commun : dans ce cas on dit qu'il y a arrachement.

Les constructions qu'on vient d'indiquer, pour
juger s'il y a pénétration ou arrachement, déterminent les génératrices de chaque cylindre qui servent de limites à la courbe d'intersection. Ainsi,
dans la fig. VII-1, la courbe d'entrée est limitée aux
génératrices qui passent aux points *s* et *v*, et la
courbe de sortie l'est à celles qui passent aux points
t et *z*. Dans la fig. VII-2, la courbe d'intersection a
pour limites, sur l'un des cylindres, les génératrices
élevées en *u* et en *v*, et sur l'autre, celles qui passent
en *s* et en *t*. Au reste, la construction générale donnée
plus haut, pour trouver une tangente quelconque,
montre qu'en effet ces génératrices sont tangentes à

la courbe d'intersection. Par exemple, imaginons qu'on mène les plans tangents aux deux cylindres, l'un par le point r, l'autre par le point t. Le premier se confond avec le plan auxiliaire dont la trace est rt; donc il va couper le second suivant la génératrice qui passe en t; donc cette génératrice est tangente à la courbe d'intersection. Par suite, les projections de cette génératrice sont aussi tangentes à celles de la courbe, ainsi que l'indique la figure.

124. PROBLÈME VIII. *Intersection de deux cônes.*

En menant une suite de plans par la droite qui joint les deux sommets, chacun de ces plans coupera les cônes suivant des droites dont les intersections feront connaître des points de la courbe demandée. La tangente en un point quelconque de cette courbe sera l'intersection des plans tangents aux deux cônes.

Supposons que les données soient celles de la fig. VIII, et convenons de nommer petit cône celui dont la base est moindre, et grand cône, celui dont la base est plus grande. Soit c le point où la droite [ab, a'b'], qui joint les sommets, perce le plan horizontal : les traces horizontales des plans auxiliaires passeront toutes par ce point. Menons à la petite base les tangentes cd et ce, qui coupent la grande en f, g, h, i. Tous les plans auxiliaires dont les traces horizontales sont comprises entre ces tangentes, comme l'est cm, rencontrent les deux cônes, et déterminent des points communs à ces surfaces; mais les plans dont les traces sont en dehors des deux tangentes n'en peuvent pas déterminer. Il suit de là que l'intersection demandée se compose de deux parties

distinctes ; l'une située sur la portion du grand cône
correspondante à l'arc *fmrg*, et l'autre sur la portion
correspondante à *hi*. Dans l'épure on ne s'est occupé
que de la première.

Les points *a* et *b* étant les projections horizontales
des sommets, les droites *ad* et *bf*, *ae* et *bg*, sont celles
des génératrices suivant lesquelles les cônes sont
coupés par les plans auxiliaires qui ont pour traces
cf et *cg* (on néglige la partie *hi*); par conséquent,
les points de rencontre *t* et *u* appartiennent à la projection horizontale de la courbe d'intersection des
deux cônes. De plus, on remarquera que cette courbe
étant limitée, sur le grand cône, aux génératrices
projetées sur *bf* et *bg*, doit avoir ces droites pour
tangentes, et que par suite la projection horizontale de cette courbe a elle-même *bf* et *bg* pour tangentes.

Si maintenant on considère un plan auxiliaire
quelconque, tel que celui dont la trace *cm* coupe les
bases en *k,l,m*, il détermine dans les cônes les génératrices qui ont pour projections horizontales
ak, *al*, *bm*; donc les intersections *n* et *o*, de *bm* avec
ak et *al*, seront des points de la projection horizontale de la courbe cherchée. En répétant ces constructions on obtient cette projection aussi exactement
qu'on veut.

L'autre projection se trouve en construisant les
projections verticales des génératrices déterminées
par les plans auxiliaires. Ainsi, en faisant les projections verticales *a'd'* et *b'f'*, *a'e'* et *b'g'*, on obtient
les points *t'* et *u'* qui correspondent à *t* et *u*, et dans
lesquels la projection verticale de la courbe a pour

tangentes $b'f'$ et $b'g'$. Ainsi encore, les projections $a'k'$, $a'l'$, $b'm'$ font connaître les points n' et o'.

La tangente à la courbe est facile à trouver. Soit le point $[p, p']$ déterminé par l'intersection des génératrices projetées en aq et br : on mènera aux bases les tangentes qs et rs, qui sont les traces des plans tangents aux cônes, au point que l'on considère; puis on joindra le point s, où elles se coupent, avec le point p. La droite sp sera la projection horizontale de la tangente au point $[p, p']$: pour en avoir la projection verticale, on abaissera ss' perpendiculaire à xy et on joindra $s' p'$.

Si on applique ces constructions aux points $[t, t']$ et $[u, u']$, on retombe sur les droites $[bt, b't']$ et $[bu, b'u']$, ainsi que cela doit être.

125. Problème IX. *Deux cônes étant donnés, on propose de reconnaître si la courbe d'intersection a des branches infinies, et, dans ce cas, de déterminer les asymptotes, lorsqu'il en existe.*

Prenons les données de la fig. IX dans laquelle les bases des cônes sont *dmne*, *fhig*. Pour que l'intersection ait des branches infinies, il faut qu'en menant les plans auxiliaires par les deux sommets on puisse en trouver un, ou plusieurs, qui rencontre les cônes suivant des génératrices parallèles. Donc, si on déplace l'un de ces cônes, le petit par exemple, de manière que ses génératrices demeurent parallèles à elles-mêmes et que son sommet vienne coïncider avec celui du grand, il devra arriver alors que les deux cônes aient une ou plusieurs génératrices communes. Or, pour qu'il en soit ainsi, il faut et il suffit que leurs traces

14

horizontales se rencontrent; cherchons donc quelle devient la trace du petit cône après sa translation.

Supposons qu'on ait mené les traces d'autant de plans auxiliaires qu'on voudra, imaginons qu'un polygone ait été formé en joignant les points où elles coupent la base du petit cône, et considérons au lieu de ce cône, une pyramide ayant ce polygone pour base et même sommet que le cône. Quand on effectue le déplacement dont il s'agit, les arêtes de la pyramide, qui se trouvent dans les plans auxiliaires, se transportent parallèlement à elles-mêmes au sommet du grand cône, sans quitter ces plans. Les faces de cette pyramide continuent donc à être aussi parallèles à elles-mêmes, de telle sorte qu'elles détermineront sur le plan horizontal un polygone dont les côtés seront compris entre les traces des plans auxiliaires et dirigés parallèlement aux côtés du premier. Il suit de là qu'on pourra facilement construire ce polygone dès qu'on aura un seul de ses sommets. Or, supposons que d soit l'intersection de la base du petit cône avec la trace cd d'un plan auxiliaire ; en menant ad, et ensuite $b\partial$ parallèle à ad, on détermine sur cette trace le point ∂ qui est un sommet du nouveau polygone : on peut donc achever ce polygone, et en joignant ses sommets par un trait continu on aura la trace horizontale du cône déplacé. On n'a représenté qu'une partie de cette trace, et c'est la courbe ∂kls.

Comme cette courbe rencontre la base du grand cône aux points k et l, on conclut que les cônes proposés ont des génératrices parallèles, lesquelles sont contenues dans les plans auxiliaires dont les traces sont ckm, cln ; et dès lors on peut tracer leurs pro-

jections horizontales *bk* et *am*, *bl* et *an*. On n'a tracé
sur la figure que les projections verticales *a'm'* et *a'n'*,
correspondantes à *am* et *an*.

Les asymptotes s'obtiennent en cherchant, par la
méthode générale, les tangentes aux points situés à
l'infini sur la courbe d'intersection des deux surfaces :
c'est à dire qu'il faut prendre l'intersection des plans
tangents menés, respectivement aux deux cônes,
suivant les génératrices dont la rencontre détermine
le point de contact. Or, les génératrices parallèles
projetées en *am* et *bk* doivent être regardées comme
déterminant deux points placés à l'infini ; en conséquence, on mène aux bases les tangentes *mp*, *kp*, qui
se coupent en *p*, puis on tire *pq* parallèle à *am*, et *p'q'*
parallèle à *a'm'* : ces droites, *pq* et *p'q'*, seront les
projections d'une première asymptote. Semblablement, si on mène les tangentes *nr*, *lr*, et ensuite les
lignes *rs* et *r's'* parallèles à *an* et *a'n'*, on obtient les
projections de la seconde asymptote.

S'il n'a point été question jusqu'ici de construire
l'intersection des deux cônes, c'est que le procédé à
suivre est exactement le même que dans l'épure précédente. Pour se faire une idée juste des différentes
parties dont cette intersection se compose, il faut
encore mener les tangentes *cdf* et *ceg* à la petite base,
et distinguer sur le grand cône les deux portions
de surface correspondantes aux arcs *fog*, *hki*. Sur la
première, on doit trouver une courbe fermée analogue à celle de l'épure VIII, et nous la négligeons
ici. L'autre portion, qui répond à l'arc *hki*, détermine, par son intersection avec le petit cône, deux
branches infinies séparées l'une de l'autre par les

deux asymptotes. L'une de ces branches est comprise sur la partie de ce cône correspondante au
petit arc *mn*, et l'autre sur celle qui répond au grand
arc *mden*. Cette dernière branche est la seule dont on
ait construit les projections sur l'épure.

126. Problème X. *Intersection de deux surfaces de
révolution dont les axes se rencontrent.*

La question est facile quand les axes des deux
surfaces sont parallèles : car alors on peut mener
une suite de plans perpendiculaires à ces deux axes,
et chacun de ces plans coupe les surfaces suivant des
cercles dont les points d'intersection appartiennent
à la courbe cherchée. Il n'en est plus ainsi lorsque
les axes ont des directions quelconques, parce que
les plans perpendiculaires à l'un d'eux, ne le seraient
point à l'autre. Cependant, si les axes se rencontrent, et c'est le cas qui est proposé, on peut encore
construire les points de la courbe par des intersections de cercles, en coupant les deux surfaces données, non par des plans, mais par des sphères qui
aient leurs centres au point de concours des deux
axes. Il est clair en effet que chacune de ces sphères
détermine, dans les deux surfaces, des circonférences
de cercle, et que les points communs à ces circonférences appartiennent à l'intersection des deux surfaces.

Pour donner aux constructions toute la simplicité
possible, je supposerai que le plan vertical est parallèle au plan des deux axes, et que le plan horizontal est perpendiculaire à l'un d'eux. De cette manière,
les axes ont pour projections horizontales, l'un, un
point unique *a* (fig. X), et l'autre, une parallèle *ab*

à xy; la projection verticale du premier est une per- ·
pendiculaire $a'a''$ à xy, mais celle du second peut avoir
une direction quelconque, telle que $a'b'$. Quant aux
deux surfaces, nous regardons comme données les
projections verticales, $h'c'i'c''$ et $h'd'i'd''$, des méridiens
contenus dans le plan des axes.

Cela posé, décrivons du point a' un cercle quelconque $c'd'c''d''$, lequel coupe des projections des
deux méridiens en c' et c'', d' et d'' : puis imaginons
une sphère de même rayon ayant son centre au point
de concours des deux axes. Cette sphère est coupée
par le plan des axes suivant un cercle, qui a pour
projection verticale le cercle $c'd'c''d''$; et les points
c' et c'', d' et d'', sont les projections verticales des
points communs à ces méridiens et à la sphère. En
faisant tourner autour de son axe le méridien de la
première surface donnée, il est clair que les points
projetés en c', c'', décrivent un cercle horizontal dont
la projection est $c'c''$, et qui est à la fois sur la sphère
et sur la première surface. Pareillement la droite $d'd''$
est la projection d'un cercle commun à la sphère et
à la deuxième surface. Le point n', où les droites
$c'c''$ et $d'd''$ se rencontrent, étant dans l'intérieur du
cercle $c'd'c''d''$, il s'ensuit que la perpendiculaire
élevée au plan vertical par ce point, coupe la surface
de la sphère en deux points qui appartiennent aux
deux cercles dont il s'agit, et qui par conséquent
font partie de l'intersection des deux surfaces données. Ces points ont tous deux la même projection
verticale n'; et, pour obtenir leurs projections horizontales n et $n_{,}$, on fait la projection horizontale du
parallèle correspondant à $c'c''$, puis on mène $n'n$ per-

pendiculaire à xy. En traçant du centre a' d'autres cercles dans le plan vertical, et répétant pour chacun d'eux les mêmes constructions que pour $c'd'c''d''$, on obtient autant de points qu'on veut de l'intersection cherchée.

Si on veut avoir les points qui se trouvent sur un parallèle donné, par exemple sur celui qui est projeté en $e'e''$, il faut décrire du point a' le cercle qui passe par les points e', e'', et faire ensuite les constructions qu'on vient d'expliquer. On obtient ainsi les limites o et o, de la projection horizontale.

Comme les méridiens projetés sur le plan vertical en $h'e'i'$ et $h'd'i'$ sont dans un même plan, il s'ensuit que les points h' et i' doivent appartenir à la projection verticale de l'intersection des deux surfaces. Les projections horizontales correspondantes h et i sont situées sur la ligne ab.

Jusqu'ici la tangente en un point donné sur l'intersection de deux surfaces courbes a été déterminée au moyen de deux plans tangents; mais on a remarqué, n° 114, qu'elle l'est aussi par la condition d'être perpendiculaire au plan des normales menées, par le point donné, à chacune des deux surfaces, et que c'est principalement dans le cas des surfaces de révolution qu'il y a lieu d'employer cette méthode, à cause de la facilité avec laquelle se construisent les normales dans ce genre de surfaces. Et en effet, le plan tangent étant perpendiculaire au plan méridien qui passe au point de contact, la normale doit être dans ce dernier plan, et dès lors elle doit être facile à connaître.

Supposons qu'il s'agisse de trouver la tangente au point $[n, n']$ situé sur les deux cercles projetés en $c'c''$

et $d'd''$; et cherchons d'abord les deux normales.
A cet effet, il faut observer que les normales menées
à une surface de révolution, par les différents points
d'un parallèle, vont toutes rencontrer l'axe de la surface au même point. Donc, si on mène aux projections verticales des deux méridiens donnés les normales $c''k'$ et $d''l'$, qui coupent les projections des axes
en k' et l', et si on tire $n'k'$ et $n'l'$, on aura les projections verticales des deux normales cherchées. Les
projections horizontales correspondantes à k' et l' sont
a et l; de sorte qu'on aura les projections horizontales
des deux normales en tirant na et nl. Actuellement il
faudrait construire les traces du plan qui contient
ces normales, et ensuite mener, par les points n et n',
des perpendiculaires à ces traces.

Il est inutile de chercher la trace verticale : car,
le plan des axes étant parallèle au plan vertical,
cette trace est parallèle à la droite $k'l'$. Au lieu de la
trace horizontale, on peut prendre la droite qui joint
les points où les normales rencontrent un plan horizontal quelconque; et, afin de resserrer les constructions dans un espace peu étendu, on se sert de celui
dont la trace verticale est $e'e''$. En conséquence, on
prolonge $n'k'$ et $n'l'$ jusqu'à leurs rencontres r' et s'
avec $e'e''$, on détermine les points correspondants r
et s sur les projections horizontales na et ln des deux
normales, puis on joint rs.

Après avoir ainsi trouvé les droites rs et $k'l'$, auxquelles sont parallèles les traces du plan des normales, on abaissera sur ces droites les perpendiculaires nt et $n't'$: ces perpendiculaires seront les projections de la tangente demandée.

En général, la projection de la tangente à une
courbe est tangente à la projection de cette courbe.
Cependant il y a exception à cette règle quand la tangente est perpendiculaire au plan de projection : car
alors, ainsi qu'on l'a déjà dit n° 116, sa projection
se réduit à un point, et la tangente à la projection de
la courbe ne se trouve plus déterminée. C'est ce qui
arrive aux points projetés en h' et i', où les plans tangents aux deux surfaces sont évidemment perpendiculaires au plan vertical. Il suit de là que si on dé-
terminait la tangente par l'intersection des plans tangents, on ne pourrait pas trouver la tangente à la
projection $h'n'i'$ aux points h' et i'. Cet inconvénient
n'a pas lieu quand on se sert des normales, comme
nous venons de le faire.

127. Problème XI. *Intersection de deux surfaces de
révolution dont les axes sont dans des plans différents.*

Prenons encore (fig. XI) le plan horizontal perpendiculaire à l'axe de la première surface, et le plan
vertical parallèle aux deux axes. Les données auront
la même disposition que dans l'épure précédente,
avec cette seule différence que la projection horizontale de l'axe de la seconde surface ne passera plus au
point a et aura une situation telle que bc parallèle à xy.

Puisque les axes sont dans des plans différents, il
n'est plus possible de trouver sur les deux surfaces,
des parallèles qui soient compris dans un même plan
ou sur la même sphère ; et alors ce qu'il y a de mieux,
pour trouver des points de l'intersection cherchée,
c'est de couper les deux surfaces par des plans horizontaux. Chacun d'eux rencontre la première surface

suivant un cercle dont la projection horizontale est un cercle égal, facile à trouver ; mais il détermine dans la seconde une courbe dont il faut construire la projection horizontale par points. Quand cette projection est tracée, les points où elle rencontre celle du cercle appartiennent à la projection horizontale de l'intersection des deux surfaces ; et ensuite on obtient facilement les projections verticales correspondantes, en remarquant qu'elles doivent se trouver sur la trace verticale du plan auxiliaire par lequel on a coupé les deux surfaces. On voit que chaque plan auxiliaire donne lieu à la construction d'une courbe, dont le seul usage est de déterminer un certain nombre de points de l'intersection cherchée.

Soit $d'f''$, parallèle à xy, la trace verticale d'un de ces plans. Son intersection avec la première surface se projette verticalement sur la droite $d'd''$, et horizontalement sur la circonférence $dmm_{,}$, décrite du centre a avec un rayon égal à la moitié de $d'd''$. Son intersection avec la seconde surface est une courbe qui a pour projection verticale la droite $f'f''$, et dont il faut avant tout construire la projection horizontale. A cet effet, on imagine, perpendiculairement à l'axe de cette surface, une suite de plans qui la coupent suivant des circonférences.

Supposons que $g'g''$ soit la projection verticale d'une telle circonférence. Le point de rencontre h' de $f'f''$ avec $g'g''$ est la projection verticale de deux points de la courbe auxiliaire que nous voulons connaître, et par conséquent les projections horizontales de ces deux points doivent se trouver sur la perpendiculaire $h'h$ à xy. Faisons tourner le plan de la circonférence autour de la droite projetée en h', pour amener cette circonférence à être horizontale; et alors projetons-la sur le plan horizontal. Si l'on suit avec attention les constructions, on trouve que cette projection est la circonférence décrite du point k comme centre avec le rayon kl. Or, les points projetés en h', et dont on a parlé plus haut, n'ont pas dû changer; donc leurs projections horizontales doivent se trouver aux rencontres h et $h_{,}$ de la ligne $h'h$ avec la circonférence kl.

En menant d'autres plans perpendiculaires à $b'c'$, on détermine d'autres points de la section correspondante à $f'f''$, dans la seconde surface; et de cette manière on arrive à la courbe $hfh_{,}$. Cette courbe et la circonférence $dmm_{,}$ sont donc les projections horizontales des sections faites dans les deux surfaces par un même plan auxiliaire; et de là on conclut que les points de rencontre m et $m_{,}$, de ces deux lignes, appartiennent à la projection horizontale de l'intersection des deux surfaces. Ces points font ensuite connaître les projections verticales m' et $m_{,}'$.

Maintenant il faut couper les deux surfaces par d'autres plans horizontaux; et, en répétant pour chacun d'eux toutes les constructions qu'on vient d'expliquer, on obtiendra autant de points qu'on voudra des projections de l'intersection des deux surfaces. C'est ainsi qu'on a construit les deux courbes $mnum_{,}$, $m'n'u'm_{,}'$.

On peut avoir besoin de connaître spécialement les points de l'intersection qui se trouvent sur les méridiens parallèles au plan vertical. Par exemple, supposons qu'on veuille avoir ceux qui sont sur le méridien de la première surface. On cherchera la courbe selon laquelle le plan vertical élevé sur *ad* coupe la seconde surface; et les points communs à cette courbe et au méridien dont il s'agit seront les points demandés. Quant à la détermination de cette courbe, elle ne peut offrir aucune difficulté, et les indications de la figure doivent suffire au lecteur.

La tangente à l'intersection des deux surfaces s'obtient encore ici au moyen des normales, comme dans le problème X. Supposons que le point de contact soit [*n,n'*] : on trace d'abord les projections verticales des parallèles de chaque surface, sur lesquels ce point est placé, et ensuite celles des normales. Au lieu de chercher les traces du plan des normales sur les plans de projections, ce qui eût été peu commode, on a déterminé les intersections de ce plan avec le plan horizontal et avec le plan vertical qui passent au point [*o,o'*], où la normale à la seconde surface rencontre l'axe de cette surface. Connaissant les projections *or* et *o'r'*, *os* et *o's'*, de ces deux intersections, on mène *nt*, *n't'*, respectivement perpendiculaires à *or*, *o's'* : ces perpendiculaires sont les projections de la tangente.

Sur l'hélice et l'épicycloïde sphérique.

128. PROBLÈME XII. *Construire la projection d'une hélice tracée sur un cylindre vertical, et déterminer les tangentes à cette hélice qui sont parallèles à un plan donné.*

Un cylindre quelconque étant donné, considérons-le comme ayant pour base une section faite par un plan perpendiculaire à ses génératrices. Si, à partir

de ce plan, on porte, sur les génératrices, des longueurs proportionnelles aux arcs de la base compris entre ces génératrices et une origine fixe prise
sur cette base, la courbe qu'on détermine ainsi sur le
cylindre est une *hélice*.

Cette génération montre que si on développe le
cylindre sur un plan, la base devient une droite perpendiculaire aux génératrices, et l'hélice, par suite,
une droite oblique à ces génératrices. Donc toutes
les tangentes à l'hélice font le même angle avec les
génératrices; donc aussi, lorsqu'on effectue le développement dans un plan tangent mené au cylindre
par un point de l'hélice, cette courbe doit se développer suivant sa tangente.

Une autre propriété qui se présente sur le champ,
c'est qu'en transportant toutes les tangentes de l'hélice parallèlement à elles-mêmes en un point quelconque, elles forment un cône droit dont l'axe est
parallèle aux génératrices du cylindre. De là il suit
que les tangentes parallèles à un plan donné, doivent
être parallèles aux droites qu'on obtient en coupant
ce cône par un plan parallèle au plan donné : cette
remarque suffit pour déterminer ces tangentes.

Ce qui précède étant bien compris, la question
proposée ne saurait offrir de difficulté.

Projection de l'hélice. Supposons que la base du
cylindre soit un cercle *abc* (fig. XII) tracé dans le
plan horizontal, que l'origine des arcs ou abscisses
circulaires soit au point *a*, et que le *pas* de l'hélice,
c'est à dire l'intervalle compris sur les génératrices
entre deux *spires* ou révolutions consécutives, soit
égal à *a'a"*. Je divise en un même nombre de parties

égales, en seize par exemple, la circonférence *abca*
et la hauteur *a'a''*; je fais les projections verticales
des génératrices qui passent par les divisions de la
circonférence, et je termine ces projections aux horizontales menées dans le plan vertical, par les divisions correspondantes de *a'a''*. La courbe *a'b'c'a''*,
qui unit tous les points ainsi déterminés, est la projection verticale de la première *spire*. On aperçoit
facilement comment on aurait les spires suivantes.

Tangentes. Il reste à chercher les tangentes à l'hélice qui sont parallèles à un plan donné *αβα'*, dont je
supposerai la trace horizontale perpendiculaire à *xy*.
Si elle avait toute autre position, la solution ne serait
pas plus difficile. Au cercle *abc* menez la tangente *bd*
égale à l'arc *ab* rectifié. Le plan vertical élevé suivant *bd* est tangent au cylindre sur lequel l'hélice est
tracée, et si on développe ce cylindre sur ce plan,
il est clair que l'hélice se développera sur une droite
qui passe au point *d* et qui est la tangente au point
[*b,b'*] de l'hélice. Donc, si on projette le point *d* en *d'*
sur *xy*, et qu'on joigne *b'd'*, les deux projections de
cette tangente seront *bd* et *b'd'*.

Une parallèle menée à cette tangente par le point
[*o,b'*], rencontre le plan horizontal en *e* ; et, si on la
fait tourner autour de l'axe du cylindre, elle engendre
un cône dont la base est le cercle décrit avec le rayon
oe, et dont les génératrices sont parallèles aux tangentes de l'hélice. Donc le plan *b'fh*, qui passe au
sommet de ce cône, et qui est parallèle au plan donné *α'βα*, doit couper ce cône suivant des droites parallèles aux tangentes demandées. Ces droites sont
projetées horizontalement en *og*, *oh*.

Comme les tangentes à l'hélice ont leurs projections horizontales tangentes au cercle *abc*, il s'ensuit
qu'en menant les tangentes *mr* et *ns*, respectivement
parallèles à *og* et à *oh*, on aura les projections horizontales des tangentes cherchées. Les lignes de projection *mm'* et *nn'* déterminent les projections verticales *m'*, *n'*, des points de contact; et en menant les
parallèles *m'r'* et *n's'* à *βα'*, on obtient les projections
verticales des tangentes.

Remarques. On peut mener au cercle *abc* une autre
tangente parallèle *og*; mais il est facile de voir que
la tangente qui lui correspond sur l'hélice, a par
rapport au plan horizontal une inclinaison opposée
à celle de la génératrice du cône qui est projetée sur
og, et que par conséquent elle ne lui est point parallèle. La même raison montre qu'il faut rejeter aussi
l'autre tangente parallèle à *oh*.

Quand on élève les lignes de projection *mm'*, *nn'*,
il est clair qu'il faut prendre leurs intersections seulement avec les portions de courbe qui répondent
à la partie antérieure du cylindre. Mais il est clair
aussi qu'on doit prendre leurs intersections avec
chaque spire, et qu'on obtient ainsi de nouvelles
tangentes, telles que *m″r″*, qui conviennent encore à
la question.

129. PROBLÈME XIII. *Construire la projection d'une
épicycloïde sphérique, et déterminer la tangente en un
point quelconque de cette courbe.*

Si l'on fait rouler un cercle sur un autre qui reste
fixe, de manière que leurs circonférences soient toujours tangentes, chaque point de la circonférence

mobile décrit une courbe qu'on nomme *épicycloïde*. L'épicycloïde est plane quand tous ses points sont dans un plan, et c'est ce qui a lieu si le cercle mobile reste dans le plan du cercle fixe. Elle est *sphérique*, lorsque tous ses points sont sur une même sphère : c'est ce qui arrive si les deux cercles sont les bases de deux cônes droits ayant sommet commun et apothème commun, et si on fait rouler l'un des cônes sur l'autre de manière qu'il ait toujours même sommet que lui, et qu'il le touche suivant un de ses côtés, lequel varie à chaque instant.

Dans ce cas, le cercle fixe est situé sur une sphère, décrite du sommet commun comme centre avec un rayon égal à l'apothème commun, et le cercle mobile reste toujours sur cette sphère. Il est clair aussi que le plan de ce cercle mobile coupe toujours le plan de la base fixe suivant une tangente commune aux deux cercles, et que l'inclinaison des deux plans demeure constante et égale à l'angle formé par les axes des deux cônes.

La tangente en un point de l'épicycloïde sphérique doit être dans le plan tangent à la sphère dont on vient de parler. Pour achever de déterminer cette tangente, je vais démontrer qu'elle est aussi dans le plan tangent à une sphère qui aurait pour centre le point où le cercle mobile, considéré dans sa position actuelle, touche le cercle fixe.

Au lieu de deux cercles, je considère deux polygones quelconques ABC..., A'B'C'..., roulant l'un sur l'autre (ils ne sont point tracés sur la figure) ; mais, pour plus de simplicité, je suppose que tous les côtés des deux polygones soient égaux entre eux.

D'ailleurs, on peut prendre ces côtés en tel nombre
et sous telles inclinaisons qu'on voudra. Cela posé,
imaginons que le sommet A' coïncide avec A, et que
le polygone ABC... étant fixe, A'B'C'... tourne autour du point A de manière que B' vienne coïncider
avec B. Alors faisons tourner A'B'C'... autour de B
de manière que C' vienne sur C, et ainsi de suite.
Examinons la nature de la ligne que décrit un point
quelconque M du polygone mobile. Or, pendant la
rotation qui s'effectue autour du sommet A, il est
clair que le point M reste sur une sphère décrite du
point A comme centre avec le rayon AM; pendant
la rotation autour du sommet B, il reste sur une
sphère décrite du point B comme centre avec le rayon
BM; et ainsi de suite. Donc la tangente, en un point
quelconque de la ligne engendrée par le point M,
doit être dans le plan tangent à une sphère dont le
centre est situé au sommet autour duquel s'est effec-
tuée la rotation qui a amené le point M dans la position actuelle. Cette conclusion étant indépendante
de la grandeur des côtés des polygones, doit également convenir aux cas de deux courbes roulant l'une
sur l'autre; c'est à dire que la courbe mobile étant
dans une quelconque de ses positions, si on désigne
par H son point de contact avec la courbe fixe, et par
N la situation correspondante du point décrivant M,
la tangente au point N de la courbe engendrée par
le point M, sera toujours contenue dans le plan tangent au point N de la sphère décrite du centre H
avec le rayon HN.

Entrons maintenant dans le détail des constructions exigées par l'énoncé.

Projection de l'épicycloïde. Cette projection doit
être faite sur le plan de la base du cône fixe. Supposons que cette base soit le cercle *abb,a,* décrit dans
un plan horizontal avec le rayon *oa*, que le point générateur de l'épicycloïde ait été primitivement en *a*,
et que le contact des deux cercles soit actuellement
en *b* : cherchons quelle est la position correspondante du point générateur. Je 'prends pour second
plan de projection le plan vertical élevé sur *ob*. Il
doit contenir le sommet *o'* commun aux deux cônes,
et couper le cône mobile suivant un triangle isoscèle
o'bc' qui fait partie des données du problème. Ce
cône a sa base dans le plan qui a pour trace
horizontale la tangente *bc*, et pour trace verticale la ligne *bc'*, laquelle peut aussi être considérée comme la projection verticale de cette
base. Faisons le rabattement *b*MC de cette base
sur le plan horizontal. Pour avoir, dans ce rabattement, la position M du point générateur,
il faut prendre l'arc *b*M égal à l'arc *ba* : car le
point M ayant été primitivement en *a*, et les
différents éléments des deux arcs *b*M et *ba* ayant
été successivement appliqués les uns sur les autres,
ces deux arcs doivent être égaux.

Connaissant le rabattement M du point générateur, il est facile d'avoir sa projection verticale *m'*, et ensuite sa projection horizontale *m*.
Si on place le contact des deux cercles en tout
autre point *b₁*, on imaginera un plan vertical
par le rayon *ob₁*, et des constructions semblables
aux précédentes détermineront un nouveau point
n de la projection horizontale de l'épicycloïde

15

En continuant ainsi on trouve, avec autant d'exactitude qu'on voudra, la courbe $amna_i$.

Pour simplifier, on peut exécuter au point b toutes les constructions qu'on devrait faire en b_i, c'est à dire qu'on prendra l'arc $bM_i = b_i a$, et qu'on trouvera la projection horizontale m_i de la même manière qu'on a trouvé le point m. Mais alors il faut remettre le point m_i à sa vraie position, et c'est ce qu'on fera en prenant le point n dans la même situation à l'égard de ob_i que celle du point m_i à l'égard de ob. Or, pour cela, il suffit de décrire, du centre o, la circonférence $m_i de$, et de prendre l'arc $en = dm_i$. On voit par là qu'on peut obtenir tous les points de la projection $amna_i$ en se servant toujours du même plan vertical.

Construction de la tangente. L'épicycloïde, ainsi qu'il a été dit plus haut, est située sur la sphère qui a pour centre le sommet o', et pour rayon l'apothème $o'b$; par conséquent la tangente au point $[m,m']$ de cette courbe est dans le plan tangent à cette sphère. On a vu aussi qu'elle doit être dans le plan tangent à la sphère dont le centre serait en b, et le rayon égal à bM; donc elle est l'intersection des deux plans tangents.

Le cercle rabattu en bMC appartient à la première sphère; donc si on mène à ce cercle la tangente Mf, elle sera le rabattement d'une droite située dans le plan tangent à cette sphère, et par conséquent le point f, où Mf rencontre bc, est sur la trace horizontale de ce plan. Donc cette trace est la perpendiculaire af abaissée du point f sur la projection om du rayon qui passe au point de contact.

Le cercle décrit du rayon bM est le rabatte-ment d'un cercle de la seconde sphère ; par con-séquent, si on lui mène la tangente Mg qui rencontre bc en g, et si on abaisse $g\beta$ perpen-diculaire à bm, la ligne $g\beta$ sera la trace hori-zontale du plan tangent à la seconde sphère.

Les traces αf et βg se coupant en un point r qui doit appartenir à l'intersection des deux plans tan-gents, on tirera la droite mr, et ce sera la projection horizontale de la tangente à l'épicycloïde, ou, ce qui est la même chose, la tangente à la projection amn de cette courbe.

On obtient des vérifications en construisant les traces verticales des deux plans tangents. Il est clair que celle du premier est la perpendiculaire $\alpha f'$ me-née sur la projection $o'm'$ du rayon de la première sphère ; et je vais prouver que celle de l'autre plan est la perpendiculaire $c'\beta'$ élevée sur bc'. En effet, la tangente Mg étant perpendiculaire à la corde bM doit passer au point C, et par suite, en relevant le cercle bMC dans sa vraie position, cette tangente doit rencontrer le plan vertical en c' : d'ailleurs, la projection verticale du rayon bM tombe sur bc' ; et de là il s'ensuit que la trace verticale du plan tangent à la seconde sphère est la perpendiculaire $c'\beta'$ élevée sur bc'. Cette trace doit donc rencontrer xy au même point que la trace horizontale βg, ce qui offre déjà une vérification. De plus, comme les traces verticales $\alpha f'$, $\beta'c'$, des deux plans tangents, se coupent en s', la droite $m's'$ doit être la projection

verticale de la tangente. à l'épicycloïde; par conséquent, si on cherche, au moyen des projections
mr et *m's'*, en quels points cette tangente perce les
deux plans de projection, on doit retrouver les
points *r* et *s'*, ce qui donne de nouvelles vérifications.

Pour ne rien laisser à désirer dans l'épure, on
y a aussi construit la tangente au moyen des normales (114). Ces lignes ne sont ici autre chose
que les rayons des deux sphères, et il est évident
que la trace verticale de leur plan se confond avec
l'apothème *o'b*. Quant à la trace horizontale de ce
plan, elle passe déjà au point *b*; et on en obtient
un second en menant par le point de contact, et
parallèlement à la trace *bo'*, une droite [*mi, m'i'*]
dont on détermine l'intersection *i* avec le plan horizontal. Ainsi la droite *bi* sera la trace horizontale du
plan des deux rayons, et les projections de la tangente
à l'épicycloïde devront être respectivement perpendiculaires aux traces *bi* et *bo'*.

130. *Remarque*. Nous avons vu tout à l'heure
que la trace *β'c'*, du plan tangent à la sphère du
rayon *b*M, est perpendiculaire à l'extrémité de la
droite *bc'* : de là résulte une conséquence importante que nous allons faire connaître. Prolongeons
β'c' jusqu'à son intersection *o''* avec l'axe *oo'*, et
imaginons un cône qui aurait son sommet en ce
point et pour base l'épicycloïde sphérique. Si on
voulait avoir le plan tangent à ce *cône épicycloïde*,
selon la génératrice qui passe au point [*m,m'*],
on remarquerait d'abord qu'il doit contenir cette
génératrice, et par conséquent passer au point *o''*.

On remarquerait aussi qu'il doit renfermer la tangente à l'épicycloïde en ce même point $[m, m']$: or, cette tangente est dans le plan tangent à la sphère de rayon $b\mathrm{M}$, et c'est pour cela que le point s', où elle rencontre le plan vertical, est situé sur la trace $\beta'c'$; donc le plan tangent au cône épicycloïde passe par la droite $o''c'$.

Concevons le cône épicycloïde comme invariablement attaché au cône $o'abb_{,}$, et formant corps avec lui ; puis faisons tourner le système de ces deux cônes autour de l'axe oo'' dans le sens indiqué par la flèche uv, et imaginons que le point $b_{,}$ vienne occuper la place du point b. Par ce mouvement, le point $[m,m']$ quittera le plan cbc', que nous supposons fixe ; mais un autre point de l'épicycloïde viendra s'y placer, et il est évident que ce sera précisément celui qui est rabattu en $\mathrm{M}_{,}$, et projeté en $m_{,}$ et $m_{,}'$. Si on voulait avoir la position que vient occuper alors le plan tangent au cône épicycloïde suivant la génératrice sur laquelle ce point est situé, on reconnaîtrait qu'il doit encore passer par la droite $o''c'$. La même chose arrive à tous les plans tangents au cône épicycloïde, qui se succèdent les uns aux autres à mesure que les points de l'épicycloïde viennent se placer dans le plan cbc'. Donc ces plans tangents successifs ne sont autres que les différentes positions d'un plan qui serait mobile autour de la droite fixe $o''c'$, et qui serait poussé par le cône épicycloïde.

Donc encore, si on suppose ce plan mobile lié invariablement avec un cercle décrit dans le plan cbc' sur le diamètre $bc' = 2bc'$, il est clair que le mouvement de ce plan mobile forcera ce cercle de tourner autour de l'axe $o''c'$ en sens contraire au mouvement du cercle abb_1, et que cette rotation se fera de telle sorte que les points des deux cir- conférences décriront, dans le même temps, des arcs qui étant rectifiés auraient même longueur. Telle est la propriété que nous voulions établir, et sur laquelle se fonde la théorie des engrenages dits à *roues d'angle*.

QUATRIÈME PARTIE.

Objet de ces exercices.

131. Tous les problèmes que j'ai résolus renferment deux parties bien distinctes. Dans l'une on établit la suite des constructions qu'il faut effectuer, et
par conséquent elle exige une connaissance étendue
et approfondie des lignes et des surfaces ; dans l'autre
on exécute réellement les constructions, et le lecteur
a dû reconnaître qu'elle se réduit toujours à appliquer un petit nombre de procédés, qui sont constamment les mêmes, mais qui sent combinés diver-
sement. Ce sont ces procédés qui, à proprement parler, constituent la GÉOMÉTRIE DESCRIPTIVE ; et comme
ils ont été mis dans le plus grand jour par l'ordre et
le choix des exemples qui ont été développés précédemment, on doit regarder dès à présent ce traité
élémentaire comme complet. Aussi, cette quatrième
partie n'a-t-elle d'autre objet que d'offrir, ainsi que
le titre l'annonce, quelques nouveaux exercices au
lecteur qui ne serait point encore assez familiarisé
avec les constructions et le tracé des épures.

Quelques questions sur la droite et le plan. Sphère circonscrite. Sphère inscrite.

132. PROBLÈME I. *Par un point donné, mener une
droite qui fasse avec les plans de projection des angles
donnés.*

Je désignerai les angles donnés par α et β, et je
rappellerai qu'ils ne sont autre chose que les angles
formés par la droite cherchée avec ses deux projections. Cela posé, prenons à volonté le point $[a,a']$
sur le plan vertical (prob. 4e part. fig. I), et supposons pour un moment que la droite demandée passe
par ce point. Elle forme, avec sa projection horizontale et avec aa', un triangle rectangle qu'il est facile
de rabattre en vraie grandeur sur le plan vertical, car
il suffit pour cela de faire l'angle $a'Ba = \alpha$.

La distance $a'B$ est la vraie longueur de l'hypoténuse de ce triangle, et dans l'espace cette même droite
forme avec sa projection verticale un autre triangle
rectangle, dont elle est encore l'hypoténuse et dont
l'angle aigu adjacent au sommet a' est égal à β; par
conséquent il est facile de construire le triangle $Ba'B'$
égal à cet autre triangle. En décrivant l'arc $B'b'$ du
centre a' et tirant $a'b'$, on aura la projection verticale
de la droite cherchée; puis, en élevant $b'b$ perpendiculaire à xy, décrivant l'arc Bb avec le rayon aB et
joignant ab, on aura la projection horizontale de cette
droite. Remarquez que bb' doit être égal à BB'.

Jusqu'ici on a supposé que le point donné $[a,a']$
était sur le plan vertical; donnons-lui une position
quelconque $[m,m']$, et, pour résoudre la question, il

suffira de mener les droites *mn* et *m'n'* respectivement
parallèles à *ab* et *a'b'*.

Le triangle *aBa'* pouvant être construit indifférem-
ment à droite et à gauche de la ligne *aa'*, le problème
est susceptible de deux solutions.

133. Problème II. *Déterminer un plan qui passe
par un point donné, et qui fasse des angles donnés avec
les plans de projection.*

Je désignerai par α et β les angles du plan cherché
avec le plan horizontal et avec le plan vertical. Prenons à volonté (fig. II) le point *a* sur le plan horizontal, et supposons pour un moment que le plan *aob*
fasse avec les plans de projection les angles α et β.
Menez *ac* perpendiculaire à *xy*, et *cd* perpendiculaire à *ob* : la droite qui dans l'espace joindrait les
points *a* et *d* forme avec *cd* l'angle connu β. De là on
conclut facilement que si on fait l'angle *aec* = β,
on aura *ce* = *cd*; donc la trace *ob* est tangente à
l'arc *ei* décrit avec le rayon *ce*.

Elevez *cb* perpendiculaire à *xy*, et imaginez une
perpendiculaire abaissée du point *c* sur le plan *aob* :
dans l'espace ces deux perpendiculaires comprennent
entre elles un angle égal à α. La seconde est située
dans le plan *acd*, et par conséquent, pour l'obtenir
en vraie grandeur, il suffit de mener *cf* perpendiculaire sur *ae*. Alors il est évident que si on fait l'angle
fcg = α on doit avoir *cg* = *cb*. Le point *b* se trouve
donc déterminé; par suite la trace *bo* sera connue
puisqu'elle doit être tangente à l'arc *ei*, et enfin la
trace *ao* le sera aussi.

Maintenant on connaît un plan qui fait avec les

plans de projection les angles donnés α et β. Pour
en avoir un qui remplisse les mêmes conditions et
qui en outre passe par un point donné [m, m'], il
suffira de mener par ce point un plan parallèle à *aob* :
c'est ainsi qu'on obtient le plan *pqr*.

134. Problème III. *Connaissant les traces d'un plan
et la projection horizontale de la diagonale d'un carré
situé dans ce plan, on demande les projections de ce
carré.*

Le moyen de solution consiste à rabattre sur le
plan horizontal le plan donné, à chercher ce que
devient alors la diagonale du carré, à construire ce
carré dans le rabattement, et à revenir ensuite du
rabattement aux projections.

Soit (fig. III) *rst* le plan donné, et *ab* la projection
horizontale de la diagonale du carré. Suivant *ab*
imaginons un plan vertical : sa trace horizontale
sera la droite *ab* elle-même, et sa trace verticale sera
une droite telle que *nn'* perpendiculaire à *xy*. Le
point *m* où se coupent les traces horizontales des
deux plans appartient à l'intersection de ces plans,
aussi bien que le point *n'* où se coupent leurs traces
verticales; donc, en abaissant *mm'* perpendiculaire
à *xy* et joignant *m'n'* on aura la projection verticale
de l'intersection des deux plans. C'est sur cette intersection que se trouve la diagonale dont *ab* est la
projection horizontale; et en tirant les lignes de projection *aa'*, *bb'*, il sera facile d'obtenir la projection
verticale *a'b'* de cette diagonale.

Faisons tourner le plan *rst* autour de *rs* pour le
rabattre, ainsi qu'il a été dit, sur le plan horizontal.

Le point n' doit rester à la même distance du point s, et d'un autre côté il doit tomber sur nN perpendiculaire à rs ; donc il se placera à la rencontre N de nN avec la circonférence décrite du rayon sn'. Par suite, la droite qui contient la diagonale du carré deviendra mN, et, en menant sur rs les perpendiculaires aA,bB, on obtient cette diagonale rabattue en AB.

Sur **AB**, comme diagonale, construisons donc le carré **ABCD**, remettons le plan rsN dans sa première situation, et cherchons en quels points vont alors se projeter les sommets C et D. Menez Cp parallèle à sN : cette ligne doit se placer dans l'espace parallèlement à st, et alors elle se projette horizontalement suivant la droite pc parallèle à xy ; donc la projection horizontale du point C doit être sur pc. Mais, d'un autre côté, cette projection doit aussi se trouver sur la perpendiculaire Cc à rs ; donc elle est à la rencontre c. On trouve semblablement la projection horizontale d du sommet D : par suite celle du carré sera $acbd$.

Les projections verticales correspondantes à c et à d sont sur les lignes de projection cc' et dd'. Pour achever de les déterminer, on a mené CE et DF parallèlement à rs, on a porté les distances sE et sF sur st en se' et sf', puis on a tiré les droites $e'd'$ et $f'c'$ parallèles à xy. De cette manière on obtient la projection verticale $a'c'b'd'$ du carré.

Remarque. Si on prolonge la ligne DA et sa projection da, elles devront couper la trace rs au même point. La même vérification a lieu pour les autres côtés du carré et pour la diagonale CD.

135. PROBLÈME IV. *Connaissant les projections des arêtes d'un angle trièdre, construire les traces d'un plan qui coupe ces trois arêtes à des distances données, à partir du sommet.*

Les plans verticaux qui contiennent les arêtes de l'angle trièdre se coupent suivant une verticale : imaginons que ces plans tournent autour de cette ligne pour devenir parallèles au plan vertical de projection, et alors projetons les arêtes sur ce plan. Dans cette situation, les distances comprises sur ces arêtes, entre le sommet et le plan demandé, se projetteront verticalement selon leurs vraies longueurs, et comme ces longueurs sont données, il sera facile d'avoir leurs projections actuelles. On cherchera ce qu'elles deviennent quand on rétablit les arêtes dans leur première position, on en connaîtra ainsi les projections de trois points par lesquels doit passer le plan demandé, ce qui suffit pour résoudre le problème (26).

Soient (fig. IV) ab et $a'b'$, ac et $a'c'$, ad et $a'd'$, les projections des trois arêtes sur lesquelles le plan cherché doit intercepter des distances connues α, β, γ. Considérons la première, et faisons tourner, ainsi qu'il vient d'être dit, le plan vertical dans lequel elle est située. A cet effet, on cherche le point b où elle perce le plan horizontal, on porte ab en am parallèlement à xy, on projette le point m en m' sur xy, et de cette manière on trouve qu'après son déplacement l'arête $[ab, a'b']$ a pour projections am, $a'm'$. Alors on prend sur $a'm'$ une longueur $a'p'' = \alpha$, on mène $p''p'$ parallèle à xy, et on abaisse la ligne de projection $p'p$ qui rencontre ab en p : les projections du

point où la première arête est coupée par le plan
demandé seront p et p'. On détermine semblablement, sur les deux autres arêtes, les points [q,q'] et
[r,r'] ; on tire les droites [pq, p'q'] et [qr, q'r'] dont on
construit les traces ; et enfin, au moyen de ces traces,
on trouve celles du plan demandé, lequel est *stu*.

136. Problème V. *Circonscrire une sphère à une
pyramide triangulaire.*

La question se réduit à construire le centre et le
rayon de la sphère. Or, ce centre devant être à égales
distances des quatre sommets, il s'ensuit qu'il est
contenu dans les plans perpendiculaires au milieu
des arêtes (*Introd.* 16) : dès lors il est clair que pour
le déterminer il suffit d'élever des plans perpendiculaires aux milieux de trois arêtes. Cependant il ne
faudrait point prendre ces arêtes dans une même
face ; car alors les trois plans perpendiculaires se
couperaient suivant une droite et non en un point
unique. En effet, chaque point de l'intersection de
deux de ces plans serait également éloigné des extrémités des trois arêtes, et par conséquent cette intersection serait tout entière comprise dans le troisième
plan perpendiculaire (*Introd.* 16). Les constructions
qu'il faut faire en général, pour résoudre le problème,
sont dès à présent assez indiquées ; mais, quand on
peut choisir à volonté les plans de projection, il
existe une solution fort simple qu'on va développer.

On prend pour plan horizontal celui de trois sommets *a*, *b*, *c* (fig. V-1). Soit *d* la projection, sur ce
plan, du quatrième sommet : on joint *bd*, et on prend
la ligne de terre *xy* parallèle à *bd* ; c'est à dire que

le plan vertical sera parallèle à l'arête dont *bd* est la projection horizontale. Il est d'ailleurs évident que les projections verticales des sommets *a*, *b*, *c*, seront sur *xy* en des points tels que *a'*, *b'*, *c'*, et que celle du quatrième sommet sera donnée en quelque point *d'* de la droite *dd'* perpendiculaire à *xy*.

Cela posé, menons d'abord, dans le plan horizontal, des perpendiculaires aux milieux des côtés du triangle *abc* : on sait qu'elles doivent se couper au même point *o*. Ensuite concevons trois plans verticaux élevés suivant ces perpendiculaires : ils seront eux-mêmes perpendiculaires aux côtés du triangle, et auront pour intersection commune la verticale qui se projette au point *o*. Comme cette intersection contient le centre de la sphère circonscrite, on est déjà certain que la projection horizontale de ce centre est en *o*, et que la projection verticale est sur la droite *omo'* perpendiculaire à *xy*. Dans le plan vertical élevons *f'g'* perpendiculaire au milieu de *b'd'*, et suivant *f'g'* imaginons un plan perpendiculaire au plan vertical. Puisque *xy* est parallèle à *bd*, il est clair que ce plan doit être perpendiculaire au milieu de l'arête [*bd*, *b'd'*], et que par conséquent il contient le centre cherché. Donc la projection verticale de ce centre est sur *f'g'* ; donc elle est à la rencontre *o'* de *f'g'* avec *oo'*. Ainsi, on connaît les deux projections *o* et *o'* du centre de la sphère.

Si on tire les droites *oa* et *o'a'*, elles seront les projections du rayon; et en prenant *mp = oa*, l'hypoténuse *o'p* sera la vraie grandeur de ce rayon. Sur la figure on a tracé, des points *o* et *o'* comme centres, avec un rayon égal à *o'p*, deux cercles qu'on peut regarder comme les projections des grands cercles de la sphère parallèles aux plans de projection. C'est dans l'intérieur de ces deux cercles que sont comprises les projections de tous les points de la sphère.

137. *Remarques.* Si la ligne de terre *xy* était prise d'une manière quelconque dans le plan du triangle *abc*, la perpendiculaire au milieu de *b'd'* ne devrait plus contenir la projection verticale du centre. Alors la solution du problème s'achève fort élégamment de la manière suivante.

On décrit un cercle par les trois sommets *a*, *b*, *c* (fig. V–2), et on remarque que ce cercle doit appartenir à la sphère. Par le point *d* on mène la corde *fe* parallèle à *xy*, et par cette corde on imagine un plan vertical. Ce plan contient le quatrième sommet, et coupe la sphère suivant un cercle qui se projette en vraie grandeur sur le plan vertical. Or, cette projection doit passer par le point *d'* et par les projections *f'* et *e'* des points *f* et *e* ; on décrit donc un cercle par ces trois points, ou plutôt on détermine son centre *o'* : les points *o* et *o'* seront les projections du centre de la sphère, et le problème n'a plus de difficulté.

138. Problème VI. *Inscrire une sphère dans une pyramide triangulaire.*

Pour qu'une sphère soit inscrite à un polyèdre, il faut qu'elle soit tangente à toutes les faces ; donc son centre doit être à égales distances de ces faces. Or, quand un plan divise en deux parties égales l'angle de deux autres plans, on a fait voir (*Introd.* 44) que chaque point pris dans le premier plan est également distant des deux autres, et que tout point pris au dehors est inégalement distant de ces derniers ; donc le centre de la sphère inscrite dans une pyramide triangulaire doit se trouver sur les plans qui divisent par moitiés les angles dièdres de cette pyramide. Mais tous ces plans se coupent-ils au même point ? Et d'un autre côté, comme trois plans suffisent pour déterminer la position d'un point, pourra-t-on prendre indistinctement trois quelconques des plans qui divisent par moitiés les six angles dièdres de la pyramide ?

Pour répondre à ces questions, je suppose qu'on ait mené les trois plans qui divisent en parties égales les angles formés suivant les arêtes aboutissant au sommet d'un angle solide. Les deux premiers plans se couperont suivant une droite qui, d'après le théorème qu'on vient de rappeler, aura chacun de ses points à égales distances des trois faces de l'angle solide ; donc, d'après le même théorème, cette droite sera contenue aussi dans le troisième plan. Maintenant je considère l'angle dièdre formé suivant une nouvelle arête : le plan qui le divise par moitiés rencontre cette même droite en un point qui est également distant des trois premières faces et de la quatrième ; par conséquent ce point doit appartenir aussi aux plans qui divisent par moitiés les angles dièdres formés suivant les deux arêtes restantes. Il suit de là que les plans, qui divisent en parties égales les six angles dièdres d'une pyramide triangulaire, se rencontrent en un même point, et que, pour déterminer ce point qui est le centre de la sphère inscrite, il faut parmi ces plans en choisir trois qui ne passent pas au même sommet.

Les constructions à effectuer, pour résoudre d'une manière générale le problème proposé, n'ont pas d'autre difficulté que leur longueur. Afin de les simplifier, je prendrai le plan d'une face pour plan horizontal. Soit ABC cette face (fig. VI), et soient d et d' les projections du quatrième sommet D. Les projections verticales des points A, B, C, sont sur la ligne de terre en A', B', C'. Cela posé, imaginons que trois plans divisent en parties égales les angles dièdres formés avec la base ABC : ces plans composeront avec cette base une pyramide triangulaire dont le sommet sera le centre cherché. Je nommerai ce sommet O ; les trois faces de cette nouvelle pyramide seront désignées par OAB, OAC, OBC ; et leurs intersections mutuelles, par OA, OB, OC. Le point O sera déterminé quand on connaîtra les projections de ces lignes ; et, pour les trouver, je ferai dans la pyramide OABC une section horizontale dont je vais chercher les projections.

A cet effet, supposons qu'on ait mené, par le sommet D de la pyramide donnée, des plans verticaux perpendiculaires aux côtés de la base ABC, et considérons en particulier le plan D*de* perpendiculaire à AB. Il coupe les plans ABC et DAB suivant des droites *de*, D*e*, perpendiculaires à AB, et dont l'angle mesure l'inclinaison de ces plans ; de sorte que si on conçoit une droite qui divise cet angle en deux parties égales, et à laquelle je donnerai le nom de *bissectrice*, elle devra appartenir au plan OAB. Faisons tourner le plan D*de* autour de la verticale D*d*, et amenons-le à être parallèle au plan vertical de projection. Alors la ligne *de* va se projeter, suivant la

16

ligne de terre, sur *ke'* égale à *de*; l'hypoténuse D*e*,
sur *d'e'*; et la bissectrice sur la droite *e'f'* qui partage
l'angle *d'e'k* en deux parties égales.

Maintenant je mène une parallèle quelconque *x'y'*
à *xy*, et je la prends pour trace d'un plan horizontal
par lequel je coupe la pyramide OABC. Ce plan rencontre la face OAB suivant une droite qui est parallèle à AB, et dont la projection horizontale sera connue quand j'aurai celle du point où il rencontre la
bissectrice. Or, si du point *g'* où *x'y'* coupe *e'f'*, on
abaisse la verticale *g'g''*, et si on conçoit le triangle
d'ke' rétabli dans sa première situation, il est évident
que le point *g'* se placera en un point qui sera l'intersection du plan horizontal *x'y'* avec la bissectrice, et
le point *g''* en un point qui sera la projection horizontale de cette intersection : donc, en prenant
eg = e'g'', le point *g* sera cette projection horizontale;
et, en menant par le point *g* une parallèle *mn* à AB,
on aura la projection horizontale de la section faite
dans le plan OAB par le plan horizontal *x'y'*. On
construira pareillement les projections *mp* et *np* des
sections faites, par le même plan *x'y'*, dans les deux
autres faces de la pyramide OABC.

De cette manière on connaîtra trois points *m*, *n*, *p*,
par lesquels doivent respectivement passer les projections des arêtes OA, OB, OC; et comme ces projections passent aux points A, B, C, elles doivent être
dirigées suivant les droites *m*A, *n*B, *p*C. Ces droites
doivent se couper en un point *o*, qui est la projection
horizontale du centre de la sphère inscrite. Sur la
ligne *x'y'* prenons les projections verticales *m'*, *n'*, *p'*,
correspondantes à *m*, *n*, *p*, et tirons les droites *m'*A',

$n'B'$, $p'C'$: ces lignes seront les projections verticales des mêmes arêtes OA, OB, OC, et devront par conséquent se couper en un point o', qui est la projection verticale du centre (la droite oo' doit être perpendiculaire à xy).

Le rayon de la sphère est facile à déterminer. En effet, puisque le plan horizontal contient une des faces de la pyramide, ce rayon est égal à la hauteur du centre au dessus du plan horizontal : or, cette hauteur est donnée dans le plan vertical par la perpendiculaire $o'r$ abaissée sur xy.

Remarque. Il peut se faire qu'on ait besoin de connaître les points de contact des faces de la pyramide avec la sphère. D'abord, il est clair que le point o est le point de contact de la face horizontale ABC. Pour avoir les trois autres, il faut chercher les pieds des perpendiculaires abaissées du centre O sur les faces DAB, DAC, DBC. Par exemple, pour avoir celui de la face DAB, le mieux sera de mener par le point O un plan perpendiculaire à AB. Ce plan coupera la face DAB suivant une droite qu'on rabattra sur le plan vertical, comme le montre la figure, et qui alors sera parallèle à $e'd'$; on abaissera du point o' une perpendiculaire sur cette parallèle ; puis, ramenant les choses à leur véritable situation, on cherchera ce que devient le pied de la perpendiculaire : ce sera le point de contact de la sphère avec la face DAB.

Intersections d'une droite avec un cône ou un cylindre, avec une sphère, avec une surface gauche de révolution.

139. PROBLÈME VII. *Construire les intersections d'une droite avec un cône ou avec un cylindre.*

Supposons que la surface soit un cylindre. Par la

droite donnée, et parallèlement aux génératrices du
cylindre, on fera passer un plan qui coupera cette
surface suivant des génératrices ; il est évident que
les points où ces génératrices rencontrent la droite
donnée sont précisément les intersections demandées.
Si au lieu d'un cylindre on avait un cône, on ferait
passer un plan par la droite donnée et par le sommet :
du reste, les constructions seraient les mêmes.

Le cas du cylindre est celui qui est développé dans
la figure VII. Le cylindre a pour trace horizontale
la circonférence *abcd* ; il est projeté horizontalement
entre les limites *oe* et *cf*, et verticalement entre *b'g'*
et *d'h'* ; enfin les projections de la droite donnée sont
ik et *i'k'*. Par un point quelconque [*k,k'*] de la droite
donnée, on a mené une droite parallèle aux génératrices du cylindre, et on a construit la trace horizontale *il* du plan déterminé par ces deux lignes. Cette
trace coupe la circonférence *abcd* en *m* et *n* ; par conséquent le plan doit couper le cylindre suivant deux
génératrices [*mp,m'p'*] et [*nq,n'q'*]. Les projections
mp, *nq*, sont rencontrées par *ik* en *r* et *s* ; les projections *m'p'*, *n'q'*, sont rencontrées par *i'k'* en *r'* et *s'* :
donc les points [*r,r'*] et [*s,s'*] sont les intersections du
cylindre avec la droite donnée.

140. PROBLÈME VIII. *Déterminer les points d'intersection d'une sphère et d'une droite données.*

Par la droite donnée faisons passer un plan, et, pour
plus de simplicité, prenons-le vertical. Il coupe la
sphère suivant une circonférence dont les intersections avec la droite sont précisément celles qu'il faut
déterminer : or, c'est à quoi l'on parviendra facile-

ment en amenant le plan de cette circonférence à être parallèle au plan vertical de projection.

Soient (fig. VIII) o, o', les projections du centre de la sphère, et ab, $a'b'$, celles de la droite. La section de la sphère, par le plan vertical qui contient cette droite, est un cercle dont le diamètre est donné immédiatement sur le plan horizontal; car il est égal à la corde cd. Pour que le plan de ce cercle devienne parallèle au plan vertical de projection, faisons-le tourner autour du centre o de façon que la corde cd vienne se placer en ef parallèlement à xy : alors le cercle se projette en vraie grandeur, sur le plan vertical, suivant un cercle dont le diamètre $e'f'$ est égal à ef ou à cd. Si l'on considère deux points particuliers $[a,a']$, $[b,b']$, de la droite donnée, il est facile de trouver qu'ils viennent, après la rotation, occuper les positions $[g,g']$, $[h,h']$, et que par suite la projection verticale de la droite devient $g'h'$.

Les points d'intersection de la droite et du cercle sont actuellement projetés; l'un en m' et m, l'autre en n' et n. Il n'y a donc plus qu'à chercher ce que deviennent ces projections quand on rétablit, par une rotation rétrograde, le cercle et la droite dans leur première situation. A cet effet, on décrit, du centre o, les arcs mr et ns qui rencontrent ab en r et s, puis on mène les lignes de projection rr' et ss' qui coupent $a'b'$ en r' et s' : les points $[r,r']$ et $[s,s']$ sont les deux intersections demandées.

141. PROBLÈME IX. *Déterminer les points d'intersection d'une droite avec une surface gauche de révolution.*

Imaginons que la droite tourne autour de l'axe de

la surface gauche, et qu'elle engendre ainsi une seconde surface gauche. Les intersections des deux
surfaces seront des circonférences qui devront contenir les points cherchés; par conséquent il suffit de
déterminer ces circonférences. Le scolie III du n° 69
rend cette détermination facile.

Nous adopterons (fig. IX) la même disposition
dont nous avons déjà fait usage plusieurs fois : c'est
à dire que nous prendrons le plan horizontal perpendiculaire à l'axe de la surface donnée, et la génératrice de cette surface parallèle au plan vertical.
Soient a la projection horizontale de l'axe, $a'a''$ sa projection verticale, bc et $b'c'$ les projections de la génératrice, et ad le rayon du collier. Soient ef et $e'f'$ les
projections de la droite donnée : menez ag perpendiculaire à ef, élevez la ligne de projection gg', et tirez l'horizontale $g'o'$. Il est évident que ag et $o'g'$ sont
les projections de la plus courte distance de l'axe à
la droite donnée; de sorte que si on fait tourner cette
droite autour de l'axe, la surface gauche qu'elle engendre aura pour collier un cercle horizontal décrit
du centre $[a,o']$ avec le rayon ag.

Je ferai $ad = R$, et $ag = R'$: je supposerai $R' > R$,
et je construirai à part, au moyen d'un triangle rectangle, une longueur $R'' = \sqrt{R'^2 - R^2}$. Cela posé, au
lieu de la première surface gauche, je considère le
cône asymptote de cette surface, lequel a pour sommet le point $[a,a']$, et pour génératrice une droite
$[ah,a'c']$ parallèle à $[bc,b'c']$; et, au lieu de la seconde
surface gauche, j'en considère une autre, décrite autour du même axe, laquelle a encore son centre au
point $[a,o']$, dont la génératrice est parallèle à $[ef,e'f']$,

et dont le collier a pour rayon la distance $ai = \mathrm{R}''$.
D'après le scolie qu'on vient de rappeler, les plans horizontaux qui contiennent les intersections de cette dernière surface avec le cône sont les mêmes que ceux des
cercles d'intersection des deux premières surfaces.

Pour déterminer ces plans, je chercherai les intersections du cône avec la génératrice de la dernière
surface gauche. D'abord j'élève la ligne de projection ii', que je termine à l'horizontale $o'g'$, je mène
les lignes ik, $i'k'$, respectivement parallèles à ef, $e'f'$:
ces lignes seront les projections de la génératrice
dont il s'agit. Par le sommet $[a,a']$ du cône, je mène
la ligne $[al, a'l']$ parallèle à cette génératrice, et je
construis la trace horizontale lk, du plan qui passe
par ces deux lignes. La base du cône (c'est le cercle
décrit du rayon ah) est rencontrée par cette trace
aux points m et n : par suite, les intersections du
cône et du plan sont les droites projetées suivant am
et an ; et comme ces droites coupent ik en p et q, on
conclut que ces points sont les projections horizontales des points d'intersection du cône avec la génératrice de la surface gauche, puis on en déduit les
projections verticales p' et q'.

La suite des constructions n'offre plus aucune
difficulté. En menant les lignes $p'r'$ et $q's'$ parallèles
à xy, on aura les traces verticales des plans horizontaux qui renferment les cercles d'intersection du cône
avec la dernière surface gauche. Or, nous avons dit
que ces plans sont les mêmes que ceux qui contiennent les cercles communs aux deux premières
surfaces gauches; donc à plus forte raison con-
tiennent-ils les intersections de la droite donnée avec

la surface proposée; donc les points r' et s', où $e'f'$
est coupée par les horizontales $p'r'$ et $q's'$, sont les
projections verticales de ces intersections. En abaissant des perpendiculaires à xy, on trouve ef sur les
projections horizontales correspondantes r et s.

Quelques questions sur les contacts. Problèmes dépendants des intersections de surfaces.

142. PROBLÈME X. *Étant donné une droite et une
sphère, ainsi qu'un cercle de cette sphère, on propose
de mener par la droite un plan qui coupe la sphère
suivant un cercle tangent au cercle donné.*

Pour que deux cercles, situés dans des plans quelconques, soient tangents l'un à l'autre, il faut qu'ils
aient un point commun, et même tangente en ce
point. Cette tangente devant se trouver dans le plan
de chaque cercle, elle n'est autre que l'intersection
des deux plans; donc on aura un point de cette tangente en prolongeant la droite donnée jusqu'à sa
rencontre avec le plan du cercle donné. Alors il est
évident que, pour résoudre le problème, il suffit de
mener par ce point deux tangentes à ce dernier
cercle, et de faire passer par la droite donnée deux
plans dont chacun contienne une de ces tangentes.

On voit ainsi que le problème a en général deux
solutions. Il n'en a plus qu'une quand la droite
donnée va rencontrer la circonférence du cercle
donné, et il est impossible quand elle passe dans
l'intérieur de ce cercle. Si la droite donné était parallèle au plan du cercle, on mènerait les deux tangentes parallèlement à cette droite (ce qui est tou-
joure possible dans le cas dont il s'agit) et les constructions s'achèveraient comme plus haut.

Pour simplifier, prenons (fig. X) le plan du cercle donné pour plan horizontal. Supposons qu'alors o et o' soient les projections du centre de la-sphère, et, dans le plan vertical, du point o' comme centre et avec le rayon de la sphère, décrivons un cercle. La partie $a'b'$ de la ligne de terre, comprise dans ce cercle, sera la projection verticale du cercle donné, et on aura sa projection horizontale en traçant un cercle, du centre o, sur le diamètre ab égal à $a'b'$.

Soient cd, $c'd'$, les projections de la droite donnée, · laquelle a pour traces les points c et d'. Les traces horizontales des plans cherchés doivent passer en c, et, d'après ce qui a été expliqué, on les obtient en menant les tangentes $c\alpha$, $c\beta$, au cercle oa. Quant aux traces verticales, il est clair qu'elles doivent passer au point d', et dès lors elles se déterminent facilement : ce sont les droites $\alpha d'$ et $\beta d'$.

Il est également facile de déterminer les centres et les diamètres des cercles tangents au cercle oa, suivant lesquels la sphère est coupée par les plans $c\alpha d'$ et $c\beta d'$. Je me bornerai à construire les diamètres. Cherchons celui qui est dans le plan $c\alpha d'$. Sur la ligne oe, perpendiculaire à $c\alpha$, imaginons un plan vertical : ce plan passera par le centre de la sphère et sera perpendiculaire au plan $c\alpha d'$; donc il contiendra le rayon abaissé du centre de la sphère perpendiculairement au plan $c\alpha d'$, et par conséquent il coupera ce plan suivant une droite dont la partie comprise dans la sphère sera le diamètre cherché.

Pour trouver ce diamètre en vraie grandeur, je fais tourner le plan vertical élevé sur oe de manière que oe se place en oa parallèlement à xy. Il est clair qu'alors le grand cercle de la sphère situé dans ce plan se projettera verticalement sur le cercle $b'a'm'$. La droite d'intersection dont il s'agit passe au point a; et de plus, comme le plan cad' contient la ligne donnée [cd, $c'd'$], il s'ensuit que le point [f, f'], où cette ligne est rencontrée par le plan vertical élevé sur oe, est un autre point de la même intersection. Après la rotation, le point e se projette verticalement en a', le point [f, f'] en h' : par suite cette intersection vient se projeter suivant la droite $a'h'$; et c'est la portion $a'm'$, comprise dans le cercle, qui est la vraie grandeur du diamètre cherché. On trouverait d'une manière toute semblable le diamètre $b'n'$ du cercle situé dans le plan $e\beta d'$.

145. Problème XI. *Étant donné un cylindre ou un cône à base circulaire, on propose de mener à cette surface un plan tangent qui fasse un angle donné avec le plan de cette base.*

Supposons que la surface soit un cylindre ayant pour base un cercle tracé dans le plan horizontal. Par un point quelconque de l'espace menons une verticale et une oblique faisant avec le plan horizontal l'angle donné ; puis engendrons un cône droit en faisant tourner cette oblique autour de la verticale. Tous les plans tangents à ce cône formeront avec le plan horizontal le même angle : en conséquence on mènera à ce cône deux plans tangents parallèles aux génératrices du cylindre (84) ; ensuite on mènera au cylindre des plans tangents parallèles à chacun de ces deux-là, et la question sera résolue.

Quand il s'agit d'une surface conique, la solution

se modifie un peu. Alors on place le sommet du cône auxiliaire au sommet du cône donné, et on obtient les traces horizontales des plans cherchés en menant des tangentes communes aux deux cercles, bases de ces cônes. Le reste des constructions n'offre aucune difficulté.

Dans ce cas, comme dans celui du cylindre, il est clair qu'on trouve en général quatre plans tangents différents : mais, pour certaines données, ils pourraient se réduire à un moindre nombre, et même la question pourrait être impossible.

Je n'ai développé que les constructions relatives au cas du cylindre : elles sont contenues dans la figure XI. Le cylindre a pour base le cercle décrit sur le diamètre ab, il est projeté horizontalement entre les droites cd et ef, et verticalement entre $g'h'$ et $i'k'$. Du point $[\alpha, \alpha']$, pris à volonté, je mène la droite $[\alpha\beta, \alpha'\beta']$ parallèle au plan vertical, et formant avec le plan horizontal l'angle donné. Elle perce le plan horizontal au point β, et en la faisant tourner autour de la verticale élevée en α elle engendre un cône droit, lequel a pour base le cercle décrit du rayon $\alpha\beta$, et dont toutes les génératrices forment avec le plan horizontal un angle égal à l'angle donné. Par le sommet $[\alpha, \alpha']$ je mène une parallèle $[\gamma\delta, \gamma'\delta']$ aux génératrices du cylindre, puis je détermine, par le moyen connu (81), les plans $\gamma\varphi\delta'$, $\gamma\psi\delta'$, parallèles à ces génératrices et tangents au cône. C'est à ces plans que sont parallèles les plans cherchés qui doivent être tangents au cylindre. On obtiendra donc les traces horizontales des plans cherchés en menant des tangentes à la base du cylindre, parallèles aux

lignes $\gamma\varphi$ et $\gamma\psi$. Ensuite on aura leurs leurs traces verticales en menant des parallèles aux lignes $\varphi\delta'$ et $\psi\delta'$.

On trouve des vérifications en cherchant les traces
verticales des quatre arêtes de contact : car ces traces
doivent être respectivement sur les traces verticales
des plans tangents. Remarquez d'ailleurs que deux
de ces arêtes ont même projection horizontale, et
qu'il en est ainsi des deux autres. Cela est trop facile
à démontrer pour qu'il soit nécessaire de s'y arrêter.

144. PROBLÈME XII. *Déterminer les plans tangents
communs à une sphère et à un cône droit.*

Admettons pour un moment qu'on ait trouvé un
plan tangent commun aux deux surfaces. Au point
de contact avec la sphère menons un rayon, et menons aussi un plan par l'axe du cône et par l'arête
de contact ; ce rayon et ce plan méridien seront perpendiculaires au plan tangent. Si nous imaginons,
par le centre de la sphère, un plan parallèle au plan
tangent, il sera coupé par le plan méridien suivant
une droite parallèle à l'arête de contact et éloignée
d'elle d'une distance égale au rayon de la sphère. De
plus, il est clair qu'il sera tangent au cône engendré
par la révolution de cette parallèle autour de l'axe du
cône donné. Or il est facile de déterminer ce nouveau
cône et de lui mener, par le centre de la sphère, des
plans tangents ; et ensuite il sera facile aussi d'obtenir
les plans demandés, d'après cette considération qu'ils
sont parallèles à ceux-là et tangents au cône proposé.
Comme le cône auxiliaire peut être intérieur ou extérieur au cône donné, le problème peut avoir quatre
solutions différentes, sauf les cas particuliers.

Dans la figure XII la ligne de terre passe par le centre de la sphère, et le plan horizontal de projection est perpendiculaire à l'axe du cône. Soit a le centre de la sphère et ab son rayon ; soient c et c' les projections du sommet du cône, cd et $c'd'$ celles d'une génératrice parallèle au plan vertical, et cd le rayon de sa base sur le plan horizontal. Perpendiculairement à $c'd'$ prenez $\lambda\mu = \lambda\nu = ab$; parallèlement à $c'd'$ tirez les lignes $\mu e'$ et $\nu f'$; considérez ces lignes comme les projections verticales de deux droites dont les projections horizontales sont dirigées suivant cd ; cherchez les traces horizontales e et f de ces droites ; enfin décrivez deux cercles avec les rayons ce et cf.

D'après ce qui a été dit, il faut d'abord mener, par le point a, des plans tangents à deux cônes droits dont ces deux cercles sont les bases, et ensuite mener des plans parallèles à ceux là et tangents au cône donné. Or les traces horizontales des premiers plans sont les tangentes ag, ah, ai, ak ; donc en menant, parallèlement à ces droites, des tangentes au cercle cd, on aura les traces horizontales des plans tangents communs à la sphère et au cône donné, savoir, $p\alpha$, $q\beta$, $r\gamma$, $s\delta$. Tous ces plans devant passer par le sommet $[c,c']$, il sera facile d'avoir, par les moyens ordinaires, leurs traces verticales $\alpha l'$, $\beta m'$, $\gamma n'$, $\delta o'$.

145. **Problème XIII.** *Par un point donné, mener un plan tangent commun à deux sphères.*

Soient a et b (fig. XIII) les centres des deux sphères, et c le point donné. Par ces trois points je fais passer un plan que je prends pour plan horizontal de projection, et dans lequel je trace la ligne de terre à

volonté. Aux grands cercles situés dans ce plan je
mène les deux tangentes *de*, *fg*, qui vont se rencontrer en *h* sur la ligne *ab* (il y a deux autres tangentes,
ik et *lm*, qui se coupent en *n* et dont je parlerai plus
loin); puis je les fais tourner autour de *ab* en même
temps que les cercles. Elles décriront un cône droit,
et il est facile de reconnaître que tous les plans tangents à ce cône seront tangents aux deux sphères :
par conséquent, en lui menant des plans tangents
par le point *c*, on aura déjà deux plans qui satisferont
au problème. Or ces plans doivent tous deux passer
par le sommet *h* et par le point donné *c* ; donc la droite
ch est la trace horizontale de chacun de ces plans.

Déterminons leurs points de contact avec la sphère
dont le centre est *a*. A cet effet, observons que ces
points sont sur le cercle vertical dont *df* est le diamètre, que le plan de ce cercle est coupé, par les deux
plans tangents à ce même
cercle, et que la rencontre *o* des lignes *ch* et *df* est un
point de ces tangentes ; donc, si on rabat le cercle
sur le plan horizontal autour de son diamètre *df*, et
si on lui mène les tangentes *o*P et *o*P', les points P et
P' seront, dans le rabattement, les points de contact
cherchés. Ils ont pour projection horizontale le point
p où PP' coupe *df*; et, pour avoir leurs projections
verticales, il faut, sur *p*α perpendiculaire à *xy*, prendre α*p'* = α*p''* = *p*P. Alors on mènera, par les deux
points de contact, des horizontales parallèles à la
trace *ch*, et on s'en servira pour trouver les traces
verticales *rq'* et *rq''* ; de sorte que l'un des deux plans
tangents sera *crq'* et l'autre sera *crq''*.

On n'a encore que deux solutions pour la question

proposé ; mais on peut mener, aux deux grands cercles situés dans le plan horizontal, deux autres tangentes, *ik* et *lm* ; et, par des constructions pareilles aux précédentes, on aura deux autres plans tangents. Ces deux plans sont *cut'* et *cut"*.

Pour éviter la confusion, on n'a construit dans l'épure que les points de contact des quatre plans avec l'une des sphères : il est sans doute inutile de dire que les points de contact avec l'autre sphère se déterminent semblablement.

146. Les considérations employées dans le problème précédent conduisent à la solution de celui-ci : *Trouver les plans tangents à trois sphères données.*

Afin de fixer les idées, prenons le cas où les trois sphères seraient entièrement séparées les unes des autres, et nommons-les A, A', A". Déterminons, comme plus haut, les deux cônes circonscrits aux sphères A et A' : le premier, que j'appellerai C, ayant son sommet au delà d'un des centres par rapport à l'autre, et le second, que j'appellerai D, ayant son sommet entre les deux centres. Déterminons aussi les deux cônes analogues C' et D', circonscrits aux sphères A et A". Cela posé, il est facile de reconnaître que tout plan tangent aux trois sphères est tangent à l'un des cônes C et D, et aussi à l'un des cônes C' et D' ; et réciproquement, que tout plan qui remplit ces conditions est tangent aux trois sphères. Il faut donc prendre un des cônes C et D avec un des cônes C' et D', ce qui produit quatre systèmes différents, et mener des plans communs tangents aux deux cônes de chaque système.

Quelque système que l'on considère, les plans

tangents devront passer par la droite qui unit les
deux sommets : ainsi la question se réduira à mener, par cette droite, des plans tangents à l'un des
deux cônes, ou, si on le préfère, à celle des trois
sphères qu'on voudra. Pour chaque système on peut
avoir deux plans tangents ; il y aura donc en tout huit
plans qui seront tangents à la fois aux trois sphères.
Ces plans, considérés deux à deux, sont situés symétriquement à l'égard du plan conduit par les trois
centres, et vont couper ce plan suivant la même droite.
Deux d'entre eux sont placés de manière que chacun
d'eux touche les trois sphères d'un même côté par rapport à lui, tandis que chacun des six autres touche
deux sphères d'un côté, et la troisième de l'autre.

Au lieu de huit plans tangents, il n'y en aura que
quatre si l'une des sphères en rencontre une autre,
et deux seulement si elle rencontre aussi la troisième.
Le problème est impossible quand une sphère est
enveloppée par une des deux autres. Il peut aussi être
indéterminé, et ce cas arriverait si un même cône
était tangent aux trois sphères.

147. Nous n'avons fait aucun usage des cônes C''
et D'' circonscrits aux sphères A' et A''. Cependant
chaque plan tangent aux trois sphères doit l'être aussi
à l'un de ces cônes, et par conséquent passer à son
sommet. Or les six cônes ont leurs sommets dans le
plan conduit par les centres des trois sphères ; donc
si l'on considère trois de ces cônes qui soient touchés
par le même plan, leurs sommets seront sur l'intersection de ce plan avec le plan des centres, et par
conséquent ils seront en ligne droite.

Maintenant voici comment on peut discerner dans

les six cônes les combinaisons où il y a trois sommets en ligne droite :

1° Si on considère les cônes C et C', le plan tangent touche les trois sphères *extérieurement*, c'est à dire qu'il laisse les trois sphères d'un même côté; donc il doit être tangent au cône C"; donc les cônes C, C', C" ont leurs sommets en ligne droite. 2° Dans la combinaison C et D' le plan tangent laisse les sphères A et A' d'un même côté, mais il passe entre les sphères A et A"; donc les sphères A et A" sont de côtés différents par rapport à ce plan; donc il est tangent au cône D"; donc les cônes C, D', D" ont leurs sommets en ligne droite. 3° Même raisonnement à l'égard des trois cônes D, C', D". 4° Encore même raisonnement pour les trois cônes D, D', C".

On voit que la première combinaison comprend les trois cônes qui touchent extérieurement les sphères considérées deux à deux, et que les trois autres ne comprennent qu'un seul de ces cônes.

148. La propriété établie ci-dessus à l'égard des cônes qui sont circonscrits à trois sphères, prises deux à deux, conduit à cette proposition remarquable de géométrie plane : *Etant donné trois cercles situés dans un plan, si on mène à ces cercles, pris deux à deux, des tangentes extérieures, et qu'on les prolonge jusqu'à ce qu'elles se coupent, les trois points de concours sont toujours en ligne droite.*

En effet, regardons ces cercles comme les grands cercles de trois sphères, et considérons les trois cônes dont chacun serait circonscrit extérieurement à deux de ces sphères : d'après ce qui a été dit ci-dessus, les sommets de ces cônes sont situés en ligne

17

droite sur le plan conduit par les centres des trois
sphères. Or, ce plan coupe ces sphères suivant les
cercles donnés, et les cônes suivant les tangentes désignées dans l'énoncé ; donc le théorème est démontré.

Par des raisonnements analogues, que le lecteur
aperçoit sans doute, on arrive encore à cette conclusion : *Si aux trois mêmes cercles, pris deux à deux,
on mène des tangentes intérieures, c'est à dire qui se
croisent entre les centres des cercles, on aura trois
nouveaux points de concours, dont deux quelconques
sont en ligne droite avec un des trois premiers ; en sorte
que les six points de concours sont toujours les intersections de quatre droites.*

149. **PROBLÈME XIV.** *Une droite et une sphère étant
données, un cylindre est déterminé s'il doit être parallèle
à la droite et circonscrit à la sphère : on propose de
construire, dans ce cas, les projections de la courbe de
contact et la trace horizontale du cylindre.*

Coupez la sphère suivant un grand cercle par un
plan parallèle à la droite donnée ; menez à ce cercle
une tangente parallèle à cette droite ; puis imaginez
que le cercle et la tangente tournent autour d'un
axe mené par le centre parallèlement à cette même
droite. Le point de contact décrit sur la sphère un
grand cercle dont le plan est perpendiculaire à l'axe
de révolution ; et la tangente engendre un cylindre
droit dont les génératrices sont parallèles à cet axe,
et qui a, en chaque point du grand cercle, même
plan tangent que la sphère. Tel est le cylindre déterminé par l'énoncé ; et le grand cercle, dont le
plan est perpendiculaire à la droite donnée, est la

courbe de contact dont il faut d'abord construire les projections. A cet effet, on se sert d'une projection auxiliaire sur un plan vertical parallèle à la droite donnée ; le grand cercle de contact s'y projette selon un diamètre perpendiculaire à la projection, sur ce plan, de la droite donnée, et de là il est facile de passer aux autres projections.

Soient (fig. XIV) $\alpha\beta$, $\alpha'\beta'$, les premières projections de la droite donnée, et a, a', celles du centre de la sphère. Ayant mené à volonté uv parallèle à $\alpha\beta$, j'imagine que la projection auxiliaire soit faite sur un plan vertical élevé sur uv, et je fais tourner ce plan autour de uv pour l'appliquer sur le plan horizontal. En menant $a\partial'a''$ perpendiculaire à uv et prenant $\partial'a'' = \partial a'$, le point a'' sera la nouvelle projection du centre ; et comme le rayon de la sphère est donné, on peut décrire, avec ce rayon et des centres a, a', a'', des cercles qui seront les projections des grands cercles de la sphère parallèles aux trois plans de projection. Parallèlement à $[\alpha\beta, \alpha'\beta']$, menez la ligne $[ab, a'b']$ qui rencontre le plan horizontal en b, abaissez bb'' perpendiculaire à uv, et tirez $a''b''$: les génératrices du cylindre se projetteront sur le nouveau plan suivant des parallèles à $a''b''$; et le cercle de contact, de la sphère avec le cylindre, s'y projettera suivant le diamètre $c''d''$ perpendiculaire à $a''b''$.

Pour montrer comment on obtient les projections de ce cercle sur les deux autres plans, je considère, par exemple, les points projetés en m''. Ils sont situés sur un cercle horizontal dont on obtient la projection horizontale en menant par le point m'' la corde $e''f''$ parallèle à uv, et en décrivant un cercle du centre a sur le diamètre ef égal à $e''f''$. Alors, en abaissant la ligne $m''m$ perpendiculaire à uv, ses intersections m et n avec ce cercle appartiendront à la projection horizontale du cercle de contact. Si, dans le plan vertical primitif, on mène l'horizontale $e'f'$ à la même hauteur au dessus de xy que $e''f''$ au dessus de uv, on devra prendre sur cette horizontale les projections m' et n' correspondantes à m et n. En répétant ces constructions pour autant de points qu'on voudra, on détermine les deux projections, $cmdn$ et $c'm'd'n'$, du cercle de contact.

La projection $c''d''$ met en évidence les points situés sur le grand cercle horizontal de la sphère. Ils y sont projetés en a''; les projections correspondantes sur le plan horizontal sont g et h, et sur le plan vertical primitif elles sont g' et h'. Le point le plus élevé et le point le plus bas sont également en évidence : leurs projections sont c'' et d'' sur le plan auxiliaire, et on en conclut les projections c et d, c' et d', sur les deux autres.

Pour satisfaire à l'énoncé, il faut encore construire la trace horizontale du cylindre circonscrit, ce qui revient à déterminer les traces horizontales d'un certain nombre de génératrices. Par exemple, qu'on mène mM et nN parallèles à $\alpha\beta$, ainsi que $m''\mu'$ parallèle à $a''b''$, on aura les projections de deux génératrices du cylindre, et leurs traces horizontales M et N seront à la courbe cherchée. Les autres détails s'expliquent assez d'eux-mêmes.

Remarque I. Les constructions effectuées plus haut apprennent à trouver les points du cercle de contact placés sur un plan horizontal quelconque : on peut aussi déterminer ceux qui sont situés sur des plans parallèles au plan vertical primitif. Prenons, par exemple, celui dont la trace horizontale est *pq*. L'intersection de ce plan, avec celui dans lequel se trouve le cercle de contact, est une droite qui contient les points cherchés, et dont les projections sont *pq* sur le plan horizontal, et $c''d''$ sur le plan auxiliaire. Pour avoir la projection de cette droite sur l'autre plan vertical, je mène par les points *p* et *q*, pris arbitrairement sur *pq*, les lignes $p\varphi'p''$, $q\psi'q''$, perpendiculaires à *uv*, et les lignes $p\varphi p'$, $q\psi q'$, perpendiculaires à *xy*; puis je prends $\varphi p' = \varphi'p''$, $\psi q' = \psi'q''$; et enfin je tire $p'q'$: c'est la projection dont il s'agit. D'un autre côté, le plan vertical élevé sur *pq* coupe la sphère suivant un cercle, dont la projection verticale est un cercle tracé du centre *a'* sur un diamètre *r's'* égal à la corde *rs* (cette corde est ici un diamètre); donc les points du cercle de contact, qui sont dans ce plan, ont leurs projections verticales aux intersections *i'* et *k'*. On en déduit ensuite les projections *i* et *k*.

Remarque II. Le problème qu'on vient de traiter est le même qu'il faut résoudre quand on suppose qu'une *sphère opaque* est éclairée par des rayons de lumière parallèles entre eux, et qu'on demande : 1° la courbe qui sépare sur cette sphère la partie éclairée de la partie obscure; 2° l'ombre portée par cette sphère sur un plan horizontal.

150. PROBLÈME XV. *Déterminer la courbe de contact d'un ellipsoïde à axes inégaux avec un cône dont le sommet est donné et qui doit être circonscrit à cette surface.*

Imaginez trois droites ou axes, de longueurs données, qui se coupent mutuellement à angles droits en leurs milieux ; et sur ces axes, pris deux à deux, décrivez trois ellipses. Si on fait mouvoir l'une de ces ellipses de manière que son plan reste parallèle à lui-même, et si en même temps on change ses axes de manière que ses sommets soient toujours sur les deux autres ellipses, on engendre la surface qu'on appelle *ellipsoïde*. Le point où se coupent les trois axes donnés est le *centre* de la surface, et les trois ellipses décrites sur ces axes se nomment *ellipses principales*.

Parmi les propriétés de cette surface se trouvent les suivantes, dont je ferai usage. 1° Toutes les sections faites par des plans sont des ellipses, et, quand ces plans sont parallèles, les ellipses sont semblables, c'est à dire que leurs axes sont proportionnels ; d'où il suit que les droites semblablement tirées dans ces ellipses sont aussi proportionnelles. 2° Si, par différents points d'une même section, on mène des plans tangents à la surface, ils iront tous se couper en un même point ; et réciproquement, si d'un point donné extérieurement on mène des plans tangents à la surface, tous les contacts seront sur une même section plane de cette surface. En joignant les points de cette section plane avec le point extérieur commun à tous les plans tangents, on détermine un cône *circonscrit* à l'ellipsoïde.

Dans l'énoncé, le sommet du cône circonscrit est donné, et il faut trouver les projections de la courbe de contact. A cet effet, je prendrai les plans de projection parallèles à deux des ellipses principales, je ferai des sections horizontales dans la surface, et je déterminerai les points de contact situés sur ces dif-

férentes sections. Il y a aussi quelques points remarquables que je construirai.

Soient (fig. XV) *o*, *o'* les projections du point
donné, et *a*, *a'* celles du centre de l'ellipsoïde. Soient
bc et *de* les projections des axes de l'ellipse principale
qui est parallèle au plan horizontal, et que je nommerai H ; enfin soient *b'c'* et *f'g'* les projections de
l'ellipse principale qui est parallèle au plan vertical,
et que je nommerai V. Ces deux ellipses, H et V,
sont en vraie grandeur dans les plans de projection.
Je supposerai *bc* > *ed* et *ed* > *f'g'*. Cela posé, considérons la section horizontale projetée sur *h'i'* : cette
section est une ellipse semblable à H, et son grand
axe a pour projections *hi* et *h'i'*. Menons les tangentes
h'k', *i'l'*, qui se croisent en *a''* : le point [*a*,*a''*] peut
être regardé comme le sommet d'un cône qui touche-
rait l'ellipsoïde à tous les points de l'ellipse projetée
en *h'i'* ; et en menant par le point donné [*o*,*o'*] des
plans tangents à ce cône, on déterminera sur cette
ellipse deux points de la courbe de contact cherchée.
D'après la méthode expliquée n° 80, il faudrait faire
passer une droite par les points [*o*,*o'*] et [*a*,*a''*], chercher le point de rencontre de cette droite avec le plan
horizontal *h'i'*, et, de ce point, mener des tangentes
à l'ellipse située dans ce plan. Pour avoir d'autres
points de la courbe de contact, il faudrait mener des
tangentes à d'autres ellipses : or, on peut modifier
les constructions de manière à opérer toujours sur
l'ellipse *bdce*, et c'est ce qu'on va expliquer.

Par le point [*o*,*o'*] conduisons un plan horizontal,
dont la trace est *o'z'*. Le cône *a''h'i'* (cette expression
abrégée désigne le cône projeté sur *a''h'i'*) est coupé

par ce plan suivant une ellipse semblable à H, et
dont le grand axe est égal à $k'l'$. Or, si on tire $l'c'$ qui
rencontre $a'a''$ en a''', et si on prend le point $[a,a'']$
pour sommet d'un cône ayant pour base l'ellipse H,
il est facile d'apercevoir que ce cône sera coupé par
le plan $o'z'$ selon la même ellipse que l'autre cône.
Ces deux cônes peuvent être regardés comme ayant
cette ellipse pour base commune; et comme d'ailleurs
ils ont leurs sommets sur la même verticale, il s'ensuit que les arêtes de contact de ces cônes, avec les
plans tangents menés par le point $[o,o']$, auront les
mêmes projections horizontales. Ainsi, on pourra
trouver ces projections en se servant du dernier cône
au lieu du premier : alors les points de contact situés
sur l'ellipse $h'i'$ seront faciles à connaître.

Pour le moment il faut donc mener, par le point
$[o,o']$, des plans tangents au cône $a''h'i'$. En conséquence, je trace les projections oa, $o'a''$, de la droite
qui passe par ce point et par le sommet $[a,a'']$;
j'en déduis les projections m et m' du point où elle
rencontre le plan de l'ellipse H; je mène les tangentes mn, mp, à la projection horizontale de cette
ellipse; et, en tirant an et ap, on a les projections
horizontales des deux arêtes de contact.

Si la projection horizontale de l'ellipse $h'i'$ était
tracée, ses intersections avec an et ap seraient les
projections horizontales des points cherchés. Mais
cette projection étant une ellipse semblable à $bdce$, et
ayant hi pour grand axe, ces intersections doivent
diviser an et ap comme ac l'est en i; donc on aura ces
intersections en tirant les droites cn, cp, et leurs parallèles iq, ir. En prenant sur $h'i'$ les projections ver-

ticales q' et r' correspondantes à q et r, les deux points projetés en q, q', et en r, r', appartiendront à la courbe de contact que l'énoncé propose de déterminer. En répétant les mêmes constructions, on obtient les projections de cette courbe, telles que l'épure les présente.

Maintenant voici les points remarquables qui ont été construits.

1° Les points situés sur les ellipses principales. Pour avoir les projections de ceux qui sont sur l'ellipse H, il suffit de mener les tangentes os et ot à l'ellipse $bdce$, et de tirer les lignes de projection ss', tt'. On a déterminé les points qui sont sur l'ellipse V en menant, par le point o', des tangentes à la projection $b'f'c'g'$ de cette ellipse ; et on trouverait semblablement les points situés dans le plan de la troisième ellipse principale, en projetant le point $[o, o']$ sur ce plan, et en menant, par cette projection, des tangentes à cette ellipse.

2° Les points situés dans le plan vertical conduit par le point donné $[o, o']$ et par le centre $[a, a']$. Ce plan coupe la surface suivant une ellipse dont les axes sont égaux à $\alpha\beta$ et $f'g'$; et si on mène, par le point donné, des tangentes à cette ellipse, les points de contact seront ceux dont il s'agit. Pour les obtenir, on rend le plan de l'ellipse parallèle au plan vertical en le faisant tourner autour de la verticale élevée en a. Alors l'ellipse se projette en vraie grandeur sur le plan vertical, et, si on prend $a'\alpha' = a'\beta' = a\alpha$, les axes de cette projection seront $\alpha'\beta'$, $f'g'$: supposons qu'en même temps le point donné vienne se projeter en o''. Quand on connaît les axes d'une ellipse, on sait trouver ses foyers, et ensuite on peut, sans tracer la courbe, construire les points où elle est touchée par les tangentes partant d'un point donné (*Voyez* les traités ordinaires de GÉOMÉTRIE ANALYTIQUE). Dans l'épure le procédé est indiqué, et les points de contact sont γ' et δ'. En remettant l'ellipse dans sa première position, on trouve sans difficulté les projections u et u', v et v', des deux points cherchés.

L'un de ces points est le plus bas de la courbe de contact, et l'autre est le plus élevé. On s'en assure en remarquant que si l'on voulait chercher, par la méthode générale, des points de cette courbe qui fussent situés sur une section horizontale faite au dessous de u' ou au dessus de v', le point donné $[o, o']$ serait renfermé dans l'intérieur des cônes auxquels il faudrait, de ce point, mener des plans tangents, ce qui serait impossible.

L'épure présente encore les constructions qui font connaître les points situés dans le plan conduit perpendiculairement au plan vertical par le point donné et par le centre de l'ellipsoïde. Elles ne diffèrent des précédentes que parce que le plan vertical remplace le plan horizontal et *vice versâ*.

Remarque. Le problème qui vient d'être traité si au long est évidemment le même que celui-ci : Un ellipsoïde étant éclairé par un point lumineux, quelle est, sur cette surface, la courbe qui sépare l'ombre de la lumière?

151. PROBLÈME XVI. *On suppose qu'une droite glisse parallèlement à elle-même sur le contour d'une niche; et on demande la ligne qu'elle trace dans l'intérieur de*

*la niche, ou, ce qui est la même chose, l'ombre portée
dans la niche par son propre contour.*

Soit xy (fig. XVI) la ligne de terre, qu'on supposera tracée sur le sol même. Dans un plan horizontal, dont la trace verticale est $x'y'$, décrivons un demi-
cercle tel que celui dont les projections sont acb et
$a''b''$. Concevons qu'un cylindre vertical, ayant ce
demi-cercle pour base, soit terminé à un plan horizontal indiqué par $a'b'$, et qu'il y ait au dessus de
ce cylindre un quart de sphère ayant même centre
$[o, o']$ et même rayon $o'a'$ que la base supérieure du
cylindre. L'espace vide formé derrière le plan vertical, et compris par le cylindre et le quart de sphère,
est une *niche*. On suppose qu'une droite glisse parallèlement à une droite donnée $[\alpha\beta, \alpha'\beta']$ sur le contour $a''a'h'b'$, et on demande les projections de la ligne
qu'elle décrit sur la surface intérieure de la niche.
Cette ligne se compose de trois parties qu'on va déterminer successivement.

1° Une partie est décrite sur la surface cylindrique
pendant que la droite se meut le long de la verticale
projetée en $a''a'$. Or, dans ce mouvement, il est clair
que la droite reste dans un plan vertical dont la
trace horizontale ac est parallèle à $\alpha\beta$, et dont l'intersection avec le cylindre est une génératrice projetée horizontalement en c et verticalement en $c''c'$:
donc, si on mène $a'c'$ parallèle à $\alpha'\beta'$ et qu'on arrête
$c''c'$ à cette parallèle, on aura la ligne que la droite
mobile décrit dans le cylindre en s'élevant jusqu'au
point $[a, a']$.

2° La seconde partie provient de l'intersection du
cylindre de la niche avec le cylindre oblique qu'en-

gendre la droite mobile en glissant sur le cercle vertical projeté en $a'h'b'$. En conséquence, on prendra différentes génératrices [de, $d'e'$], [fg, $f'g'$],..... du cylindre oblique; on remarquera que les points où elles rencontrent le cylindre de la niche sont projetés en e, g,.... sur le plan horizontal; et on aura leurs projections verticales e', g',.... en élevant les lignes de projection ee', gg' .... On a obtenu ainsi la courbe $c'e'g'r'$, comprise entre le point c' et l'horizontale $a'b'$. On verra tout à l'heure, dans la remarque, le moyen de construire le point r' placé sur cette horizontale.

3° La dernière partie de la ligne cherchée est une courbe résultant de l'intersection du quart de sphère, qui termine la niche, avec le cylindre oblique dont on vient de parler. On obtiendra·les points de cette courbe en coupant les deux surfaces par des plans parallèles aux génératrices du cylindre, et qu'on choisira, pour plus de commodité, perpendiculaires au plan vertical de projection. Chacun de ces plans contient une génératrice du cylindre et un cercle de la sphère; et l'intersection de ce cercle avec la génératrice est un point de la courbe. Mais ici il convient de recourir à une projection auxiliaire, qu'on fera sur un plan parallèle à ceux des sections, afin que les cercles de ces sections s'y projettent en véritable grandeur.

Tirons à volonté $\omega\eta$ parallèle à $\alpha'\beta'$, et par $\omega\eta$ imaginons un plan perpendiculaire au plan vertical : c'est sur ce plan que je ferai la projection auxiliaire, de sorte qu'on doit se le représenter comme rabattu sur le plan vertical autour de la ligne $\omega\eta$. Toutes les sections parallèles de la sphère sont des cercles projetés verticalement sur des droites $h'p'$, $l'q'$,.... paral-

lèles à $\alpha'\beta'$, et on obtient les projections de ces cercles
sur le nouveau plan en abaissant sur $\omega\eta$ les perpendiculaires $o'\omega$, $h'\eta$, $l'\lambda$,.... et en décrivant des cercles
du centre ω avec les rayons $\omega\eta$, $\omega\lambda$,.... Il y a encore
à déterminer, sur le nouveau plan, les projections
des sections faites dans le cylindre oblique, c'est à
dire, des génératrices parallèles à $[\alpha\beta, \alpha'\beta']$ et partant des points projetés en h', l',.... Soit la génératrice $[hk, h'k']$, et $[k, k']$ un point de cette génératrice : la projection horizontale fait connaître la
distance zk à laquelle ce point est placé derrière le
plan vertical. On abaissera donc $k'\zeta$ perpendiculaire
sur $\omega\eta$, on prendra $\zeta\gamma = zk$, et on joindra $\eta\gamma$: la génératrice $[hk, h'k']$ sera projetée sur le plan auxi-
liaire suivant $\eta\gamma$. Les autres génératrices s'y projetteront suivant des parallèles à cette droite; et les intersections $\varphi, \psi,...$ de ces parallèles avec les cercles
correspondants, déterminent sur le plan auxiliaire
la projection de la courbe cherchée.

Alors il est facile d'avoir ses projections $u'n'r'$, unr,
sur les plans primitifs. Si, par exemple, on considère
le point projeté en ν, on en déduit d'abord la projection verticale n', et ensuite la projection horizontale n. Dans ces constructions on doit remarquer le
point $[u,u']$ qui est donné par la parallèle tangente
au cercle $a'h'b'$.

Remarque. La projection de la dernière courbe
sur le plan auxiliaire est une ligne droite. En effet,
tirez $\omega\varphi$, $\omega\psi$,.... : tous les triangles $\varphi\eta\omega$, $\psi\lambda\omega$,.... sont
isocèles et ont leurs bases $\eta\varphi$, $\lambda\psi$,.... parallèles : donc
les angles $\omega\eta\varphi$, $\omega\lambda\psi$,.... sont égaux entre eux, ainsi
que les autres angles adjacents à ces bases. Les

angles $\eta\omega\varphi$, $\eta\omega\psi$,.... sont donc aussi égaux, et par
suite les points ω, φ, ψ,... sont en ligne droite : ou
bien, ce qui est la même chose, la courbe décrite
dans l'intérieur de la sphère est un grand cercle dont
le plan est perpendiculaire au plan de la projection
auxiliaire (*).

De là résulte un moyen facile d'obtenir les points
de la courbe qui sont situés sur des cercles quelconques de la sphère. Supposons qu'on veuille avoir
le point situé sur le cercle horizontal $a'b'$: on cherchera la droite d'intersection du plan de ce cercle
avec celui de la courbe, et la rencontre de cette droite
avec le cercle donné sera le point cherché. Cette
droite est projetée en $a'b'$ sur le plan vertical, et en $\varphi\omega$
sur le plan auxiliaire : donc on aura, sur ces plans,
les projections b', σ, d'un point de cette droite, en
menant $\sigma b'\theta$ perpendiculaire à $\omega\eta$; et la distance de
ce point au plan vertical sera égale à $\theta\sigma$. Alors, sur bb''
on prend $bs = \theta\sigma$; et le point s appartiendra à la projection horizontale de l'intersection des deux plans.
D'ailleurs, ces deux plans passant par le centre de la
sphère, leur intersection y passe aussi, et par suite
sa projection horizontale est la droite os. La rencontre r de cette droite avec le demi-cercle acb est
donc la projection horizontale du point cherché, et
la ligne de projection rr' en fait connaître la projection verticale r'.

Les constructions par lesquelles on vient de déter-

(*) En général, si deux surfaces du second ordre ont une courbe
plane commune, et qu'elles se coupent encore suivant une seconde
ligne, cette dernière ligne est plane aussi. La sphère et le cylindre
à base circulaire sont des surfaces du second ordre.

miner le point [r,r′] avaient déjà été employées pour un cas semblable dans le problème XIV.

152. PROBLÈME XVII. *Construire les projections de l'intersection de deux ellipsoïdes de révolution dont les axes ne sont pas dans le même plan.*

Dans le cas général de deux surfaces de révolution, pour trouver des points de leur intersection, on emploie des courbes qui elles-mêmes doivent être construites par points (127); mais dans la question actuelle, la ligne droite et le cercle peuvent souvent suffire, je prendrai encore le plan vertical parallèle aux axes [aa,,a′a″] et [bb,,b′b″] des surfaces ; mais la ligne de terre pourra être tracée à volonté dans ce plan. Du reste, j'adopterai les données telles que la fig. XVII les présente.

Coupons les deux ellipsoïdes par des plans parallèles entre eux et perpendiculaires au plan vertical, tels que ceux dont les traces verticales sont e′h′, i′m′,.... : dans les deux surfaces les sections seront des ellipses. Les cordes e′f′, i′k′,... sont des axes des ellipses résultant de la première surface, les autres axes seront des perpendiculaires au plan vertical, élevées aux milieux de ces cordes, et toutes ces ellipses sont semblables entre elles. De même, les cordes g′h′, l′m′,... sont des axes des ellipses de la seconde surface, les autres axes de ces ellipses sont des perpendiculaires au plan vertical, élevées aux milieux de ces cordes, et ces ellipses sont aussi semblables entre elles.

Considérons les deux ellipses d'une même section, et imaginons deux cylindres auxiliaires décrits par une droite qui glisserait sur ces ellipses, parallèlement à une droite quelconque tracée dans le plan vertical. Les traces horizontales de ces cylindres seront en général des ellipses, dont chacune aura un axe perpendiculaire à xy et égal à l'axe horizontal de la section à laquelle elle correspond. Or, il est toujours possible de donner aux génératrices une direction telle que la trace d'un de ces cylindres soit un cercle ; et alors, si les deux ellipses résultant des deux surfaces étaient semblables entre elles, la trace du second cylindre serait aussi un cercle, et par conséquent l'intersection des deux cercles ferait connaître les génératrices communes aux deux cylindres. Ensuite les intersections de ces génératrices avec le plan des deux ellipses donneraient deux points de la courbe cherchée, commune aux deux surfaces proposées. On voit qu'il importe d'abord de choisir les parallèles $e'h'$, $i'm'$,... de telle sorte que les sections faites dans un des ellipsoïdes soient semblables à celles de l'autre ; et ensuite, de déterminer la direction que doit avoir la génératrice des cylindres auxiliaires pour que leurs traces horizontales soient des cercles.

Par le centre c' de l'ellipse $d'a''a''$, menez $c'\beta$, $c'\beta'$, respectivement parallèles aux demi-axes $d'b'$, $d'b''$, de l'autre ellipse ; prenez $c'\beta'$ égale au demi-axe $c'a''$ de la première ellipse, et $c'\beta$ égale au quatrième terme de la proportion $d'b'' : d'b' :: c'\beta' : x$; puis décrivez sur les demi-axes $c'\beta$ et $c'\beta'$ l'ellipse $\beta\beta'\beta''$ semblable à $b'b''b''$. Elle coupe la première ellipse en deux points, et je joins l'un d'eux, e', avec le centre c'. Si un troisième ellipsoïde était engendré par l'ellipse $\beta\beta'\beta''$ autour de l'axe $c'\beta$, il est facile d'apercevoir que le plan mené par $c'e'$, perpendiculairement au plan vertical, couperait ce troisième ellipsoïde ainsi que le premier suivant des ellipses qui auraient les mêmes axes ; donc les sections parallèles à ce plan faites dans les deux surfaces, seraient semblables ; et comme d'ailleurs les sections faites dans le second ellipsoïde, par ces mêmes plans, seraient semblables à celles du troisième, il s'ensuit qu'elles le seraient aussi à celles du premier. Ainsi la ligne $c'e'$ détermine une direction qu'on peut donner aux plans coupants pour avoir, dans les deux surfaces, des ellipses semblables.

Menez $c'n'$ parallèle à xy et égale au demi-axe $c'a''$, puis tirez une droite par les points e' et n'. En prenant la génératrice des cylindres auxiliaires parallèle à cette droite, les traces horizontales de ces cylindres seront des cercles. En effet, si l'on considère en particulier le cylindre qui a pour base l'ellipse correspondante à $e'c'f'$ sur la première surface, sa trace horizontale sera une ellipse dont un des axes est égal à $2c'n'$, et dont l'autre est égal à l'axe élevé en c' dans la section perpendiculairement à $c'e'$: or ce dernier est égal à $2c'a''$ ou $2c'n'$; donc la trace horizontale du cylindre est un cercle. Dès lors la trace du cylindre qui a pour base la section faite dans la seconde surface, par le même plan, est aussi un cercle ; et il en est encore ainsi de toutes les autres sections parallèles à celles-là, faites dans les deux surfaces.

Avant d'aller plus loin, rappelons que dans une ellipse les milieux des cordes parallèles sont sur un diamètre. Par conséquent, en menant dans chacune des deux ellipses données dans le plan vertical, une

18

corde parallèle à $o'f'$, et tirant une droite par le centre et par le milieu de cette corde, on aura les diamètres qui coupent en leurs milieux les cordes parallèles à $o'f'$. Soit $\theta\rho$ celui de la première ellipse, et $\varphi\psi$ celui de la seconde. Par rapport aux ellipsoïdes, on doit les considérer comme projections verticales de deux diamètres, dont les projections horizontales sont aa_{ι} et bb_{ι}, et qui contiennent les centres des sections parallèles.

La question proposée n'a plus aucune difficulté, et les constructions viennent d'elles-mêmes. Soit le plan coupant dont la trace verticale est $i'm'$. On regardera les deux ellipses qu'il détermine dans les deux surfaces comme les bases de deux cylindres parallèles à la droite $e'n'$. Ces ellipses ayant leurs centres projetés en o' et p', il est facile de mener par ces centres des parallèles à $e'n'$, et d'en déterminer les traces horizontales q et r : ces points q et r sont les centres des cercles suivant lesquels les deux cylindres rencontrent le plan horizontal. La première ellipse ayant un de ses points projeté en i', et la seconde ayant un de ses points projeté en l', il est également facile d'avoir les traces horizontales s et t des génératrices qui passent par ces points. Les distances qs et rt seront les rayons des deux cercles; on peut donc les décrire, et leurs rencontres u et x font connaître les deux génératrices communes aux deux cylindres. En faisant les projections verticales $x'v'$, $x'w'$, de ces génératrices, on obtient sur $i'm'$ les projections verticales v', w', des points communs aux deux ellipses; et ensuite on en déduit les projections horizontales v, w. D'autres sections donnent de nouveaux points, et on arrive ainsi aux deux courbes tracées dans l'épure, lesquelles sont les projections de l'intersection des deux ellipsoïdes.

Remarque. Quand le premier ellipsoïde est alongé, on a $c'e' > c'a''$. Alors on peut faire un triangle rectangle qui ait $c'e'$ pour hypoténuse, et dont un côté soit égal à $c'a''$. Supposons, pour ne point changer la figure, que $e'c'n'$ soit ce triangle, et que la ligne xy, qui est restée arbitraire, soit parallèle à $c'n'$. Les deux cylindres auxiliaires deviendront perpendiculaires au plan horizontal, les sections elliptiques se projetteront sur ce plan suivant des cercles, et les constructions seront simplifiées. Mais cette solution ne pourrait point s'appliquer aux ellipsoïdes aplatis, tandis que celle qui précède ne souffre exception que dans le cas où l'ellipse $\beta\beta'\beta''$ ne rencontre pas l'ellipse $a'a''a'''$.

153. Problème XVIII. *Déterminer un point dont on connaît les distances à trois points fixes.*

Il est évident que le point qu'il s'agit de déterminer est l'intersection de trois sphères, dont les centres sont aux points fixes et dont les rayons sont égaux aux trois distances données. Prenons pour plan horizontal de projection celui qui passe par les trois points fixes A, B, C (fig. XVIII), et pour ligne de terre une perpendiculaire xy à l'un des côtés du triangle ABC, à AB par exemple (on en comprendra la raison tout à l'heure). Des points A, B, C, comme centres, avec des rayons égaux aux distances données, je décris trois cercles dans le plan horizontal ; on aura ainsi trois grands cercles appartenant respec-

tivement aux trois sphères qui contiennent le point
cherché. La première sphère coupe chacune des
autres suivant des cercles verticaux, qui ont pour
projections horizontales et pour diamètres les deux
cordes *de* et *fg*. Le point *m* où se rencontrent ces
cordes est donc la projection horizontale du point
cherché. Pour en avoir la projection verticale, on
remarque que *de* étant parallèle à *xy* le cercle vertical décrit sur *de* doit se projeter en vraie grandeur
sur le plan vertical : or, on obtient évidemment
cette projection en abaissant sur *xy* les perpendiculaires *dd'*, *ee'*, et en décrivant un cercle sur le diamètre *d'e'* ; donc, en menant la ligne de projection
mm', les deux intersections *m'* et *m"* avec ce cercle
seront les projections verticales de deux points qui
satisfont à la question.

Si les deux cordes *de* et *gf* ne se rencontraient point
dans l'intérieur des cercles, mais seulement dans leurs
prolongements extérieurs, le problème serait impossible.

Remarque. Les deux points déterminés par les intersections de la première sphère avec les deux autres
doivent également se trouver sur le cercle d'intersection de la seconde et de la troisième. Or, ce cercle
est projeté sur la corde *hi* ; donc cette corde doit
passer au point *m*. Donc *les trois cordes déterminées
par les intersections de trois cercles tracés dans un plan
se rencontrent au même point.*

Que les cordes se coupent intérieurement ou
extérieurement , cette proposition est toujours
vraie, ainsi qu'on le démontre aisément par la Géométrie.

154. Problème XIX. *On a mesuré les angles formés par les rayons visuels dirigés d'un certain point de l'espace vers trois points connus : trouver la position de ce point.*

Prenons encore (fig. XIX) pour plan horizontal celui qui passe par les trois points connus A,B,C, et pour plan vertical un plan perpendiculaire au côté AB du triangle ABC. Décrivons les segments APB, AQC, BRC, capables des angles donnés, et engendrons trois surfaces de révolution en faisant tourner ces segments respectivement autour de leurs bases AB, AC, BC. Tout point pris sur la première surface jouit de cette propriété que l'angle formé par les droites qui le joignent aux points A et B est égal au premier angle donné ; mais, pour un point intérieur ou extérieur à cette surface, l'angle ainsi formé serait plus grand ou plus petit. Il suit de là que le point dont on propose de fixer la position est sur cette surface ; par des raisons semblables, il doit également se trouver sur les deux autres. Ainsi la question se réduit à chercher un point commun à trois surfaces de révolution dont les axes sont dans un même plan. A cet effet, on détermine (126) les courbes d'inter-section de la première surface avec les deux autres ; et les points communs aux deux courbes satisfont à l'énoncé.

En coupant, comme au numéro cité, les surfaces qu'engendrent les segments APB et AQC par des sphères qui ont le point A pour centre commun, on a trouvé que l'intersection des deux surfaces a pour projection horizontale la courbe AmnD ; et, en coupant la première surface et la troisième par des sphères dont le centre commun est en B, on a trouvé

sur la projection horizontale la courbe BmnE. Les
projections verticales étant inutiles, on ne les a pas
construites. Les points m et n, où les deux courbes se
rencontrent, sont les projections horizontales des
points communs aux deux surfaces. Mais comme ils
ont été obtenus par les rencontres de deux courbes,
on pourrait avoir du doute sur l'exactitude de leur
position et il convient de les vérifier. Or, pour vérifier le point m, par exemple, il suffit de mener
les lignes mf, mg, mh, respectivement perpendiculaires aux côtés AB, AC, BC, puis d'examiner si
les points f et g sont sur un cercle décrit du centre
A, et si les points g et h sont sur un cercle décrit du
centre B.

Les projections horizontales m et n une fois bien
établies, les projections verticales correspondantes en
découlent. En effet, les points cherchés doivent se
trouver sur les cercles décrits autour de AB par les
points f et i : or, ces cercles étant parallèles au plan
vertical, on obtient sur le champ leurs projections
sur ce plan en prolongeant AB jusqu'en o', en abaissant les perpendiculaires ff' et ii' sur xy, et en décrivant des cercles du centre o' avec les rayons o'f' et
o'i' ; donc alors il n'y a plus qu'à mener les lignes de
projection mm', nn', terminées respectivement à ces
deux cercles. On doit trouver ainsi deux points au
dessus de xy, et deux au dessous ; mais, dans l'épure,
on n'a marqué que les deux premiers, ce qui revient
à supposer que le point d'où partent les rayons visuels, qui font entre eux les angles donnés, est placé
au dessus du plan horizontal. Malgré cette limita-
tion, on voit qu'il y a deux points qui remplissent

les conditions données ; et même, dans certains cas ,
il pourrait y en avoir quatre.

155. *Remarque.* De ce qu'un point est l'intersection des projections horizontales de deux courbes,
on ne peut pas conclure, en général, qu'il réponde
à une intersection de ces courbes. Par conséquent,
toutes les fois que, pour déterminer un point situé
sur trois surfaces, on construit les projections horizontales des courbes suivant lesquelles une de ces
surfaces coupe les deux autres, il pourrait y avoir
erreur à regarder un point commun aux deux projections comme correspondant à un point commun
aux trois surfaces. Pour cette raison, il peut être
utile de tracer aussi la projection de l'intersection de
la seconde surface avec la troisième, et alors on ne
prendra que les points communs aux trois projections. Mais alors encore il pourra rester des doutes ;
et le moyen le plus sûr, en général, sera de déterminer les projections verticales des intersections de la
première surface avec les deux autres, de comparer
les points de rencontre de ces projections avec les
points de rencontre des projections horizontales, et
de ne prendre, sur chaque plan de projection, que
les points qui ont leurs correspondants sur l'autre.
Cependant, comme la construction des courbes est
longue et difficultueuse, il sera plus commode de
chercher, dans chaque cas particulier, quelque moyen
plus simple qui puisse lever toutes les incertitudes.

156. PROBLÈME XX. *On suppose qu'un point élevé
dans l'espace, un aérostat par exemple, ait été vu au
même instant par trois observateurs, et que chacun, au*

lieu où il se trouve, ait mesuré l'angle formé avec la verticale pour le rayon visuel dirigé vers l'aérostat : ces angles et leurs sommets étant connus, on demande la position de l'aérostat au moment des observations.

Autour de la verticale élevée au point où chaque observateur était placé, concevez un cône droit dont le sommet soit en ce point, et dont la génératrice fasse avec la verticale l'angle observé. On aura ainsi trois surfaces coniques sur lesquelles l'aérostat était situé au moment des trois observations ; c'est donc l'intersection de ces trois surfaces qu'il faut déterminer : or, c'est ce qu'on fera en cherchant les projections horizontales des intersections de ces surfaces, prises deux à deux.

Soient (fig. XX) a et a', b et b', c et c', les projections des trois sommets. Les verticales indéfinies $a'a''$, $b'b''$, $c'c''$, seront les projections verticales des axes des trois cônes. Menons les lignes ap, bq, cr, parallèles à xy, et les lignes $a'p'$, $b'q'$, $c'r'$, formant avec les verticales des angles respectivement égaux aux angles connus : on aura ainsi les projections d'une génératrice de chaque cône. Voici maintenant les constructions qu'il faut effectuer.

Ayant mené dans la projection verticale une horizontale quelconque $s't'$, on la considère comme la trace d'un plan horizontal auxiliaire par lequel on coupe les trois cônes. Les sections seront trois cercles dont les projections horizontales sont des cercles ayant respectivement leurs centres en a, b, c. Pour achever de déterminer ces cercles, on remarquera que la trace $s't'$ coupe les lignes $a'p'$, $b'q'$, $c'r'$ en des points d', e', f', qui sont les projections verticales de ceux où le plan auxiliaire coupe les génératrices des trois cônes. En conséquence, on construira les projections horizontales correspondantes *d*, *e*, *f*, puis on décrira trois cercles avec les rayons *ad*, *be*, *cf*. Les rencontres de ces cercles, pris deux à deux, donnent deux points de chacune des courbes cherchées; et en répétant ces constructions pour d'autres plans horizontaux, on en trouve autant de points qu'on veut.

Les trois courbes ainsi déterminées dans la projection horizontale sont *gnh*, *ink*, *lnm*. Elles se rencontrent en *n*, et il est facile de s'assurer que ce point est véritablement la projection d'un point commun aux trois surfaces. En effet, comme le point *n* appartient aux deux courbes *gnh*, *ink*, il s'ensuit qu'il est la projection horizontale d'un point commun aux deux premiers cônes, et aussi celle d'un point commun au premier et au troisième; mais, sur le premier, il ne peut y avoir qu'un seul point qui se projette en *n* (dans la question on doit négliger la nappe inférieure); donc ce point est réellement commun aux trois surfaces.

La troisième courbe *lnm* n'a ici d'autre usage que de fournir une vérification. Mais on en obtient une plus sûre en traçant, des centres *a*, *b*, *c*, trois cercles qui passent au point *n*, et qu'on regardera comme les projections horizontales de trois cercles horizontaux situés respectivement sur les trois cônes. On déterminera, ainsi que le montre la figure, la projection verticale de chacun d'eux; et il doit arriver que ces trois projections soient sur une même horizontale *u'v'*. Alors, en effet, il est clair que le plan auxiliaire dont la trace verticale est *u'v'* coupe les cônes suivant trois cercles qui ont un point commun projeté en *n*.

Par ce qui vient d'être dit, on détermine la trace verticale *u′v′* du plan horizontal dans lequel est situé le point commun aux trois cônes ; par conséquent on obtiendra la projection verticale de ce point en élevant la ligne de projection *nn′*, qu'on termine en *n′* sur *u′v′*. Remarquez d'ailleurs que, comme les courbes de la projection horizontale peuvent se rencontrer en plusieurs points, le problème peut aussi avoir plusieurs solutions.

157. Problème XXI. *Déterminer un point dont on connaît les distances à trois axes fixes.*

Nommons A, B, C les trois axes ; et *α*, *β*, *γ*, les distances de ces axes au point qu'on veut déterminer. Parallèlement à l'axe A, et à la distance *α*, imaginons une droite et décrivons un cylindre en faisant tourner cette droite autour de l'axe A. Concevons qu'un second cylindre ait été décrit de la même manière autour de B par une parallèle à B, menée à la distance *β* ; et qu'un troisième cylindre ait encore été décrit autour de C par une génératrice menée à la distance *γ*. La question revient à trouver les points communs à ces trois surfaces.

Pour plus de simplicité, je choisis le plan horizontal perpendiculaire à l'axe A, mais je laisserai la ligne de terre arbitraire dans ce plan. De cette manière, l'axe A sera projeté horizontalement en un point unique *a* (fig. XXI), et verticalement sur une perpendiculaire *a′a″* à *xy*. Soient *bb*₁ et *b′b′₁*, *cc*₁ et *c′c′₁*, les projections des axes B et C. La trace horizontale du

premier cylindre sera un cercle *pqm* décrit du centre
a avec le rayon *α* : celles des deux autres cylindres
seront des ellipses que je vais déterminer d'abord.

Au point *b*, ou l'axe B perce le plan horizontal,
élevez *de* perpendiculaire à *bb₁*, et prenez *bd*=*be*
=*β* ; *de* sera le petit axe de l'ellipse suivant laquelle
le second cylindre coupe le plan horizontal. Pour en
avoir le grand axe, il faut trouver sur ce plan les
pieds des deux génératrices situées dans le plan vertical élevé sur *bb₁* ; et à cet effet je ramène ce plan à
être parallèle au plan vertical de projection. Supposons qu'alors les projections de l'axe B soient *bλ*, *b'λ'* ;
élevons *λ'μ*, *λ'ν*, perpendiculaires à *b'λ'* et égales à *β* ;
puis menons *μφ'*, *νψ'*, parallèles à *b'λ'* : les deux génératrices dont il s'agit auront maintenant *μφ'* et *νψ'*
pour projections verticales. Elles rencontrent le plan
horizontal en *φ* et *ψ* ; et en ramenant ces points sur
bb₁, on obtient le grand axe *fg*. Les deux axes *de* et
fg étant connus, on construira l'ellipse *dfeg*, et alors
il sera facile d'avoir, ainsi que le montre la figure,
les projections du second cylindre. Des constructions
analogues font connaître la trace et les projections
du troisième.

Maintenant, pour trouver les intersections du premier cylindre avec les deux autres, appliquons le
procédé du n° 123. Ici, les projections horizontales
de ces intersections se confondent avec le cercle *pqm*,
et ce sont leurs projections verticales qu'il faut con--
struire. Pour obtenir celle de la première, je coupe
les deux surfaces par des plans verticaux parallèles
à *bb₁*. Soit *emn* la trace d'un de ces plans : il coupe
les deux cylindres suivant des génératrices dont on

fera les projections verticales; et les rencontres m' et n' appartiendront à la projection verticale de la première courbe. Cette projection est $m'q'p'n'$. On trouvera semblablement la projection verticale de la seconde intersection en prenant des plans coupants encore verticaux, mais parallèles à $cc_{\prime}$.

Avec les données de la figure, les deux courbes de la projection verticale se rencontrent en deux points p', q', qui sont réellement les projections de deux intersections : car, dans le voisinage des points p', q', les arcs de ces courbes correspondent à des arcs qui, dans l'espace, sont situés sur la partie du cylindre vertical comprise entre le diamètre hi et la ligne de terre xy. Cette remarque montre en même temps qu'on obtient les projections horizontales p et q, des points qui satisfont à la question, en terminant les lignes de projection pp', qq', à la demi-circonférence hmi.

Au reste, les points $[p,p']$, $[q,q']$ étant ainsi déterminés, on reconnaît facilement qu'ils sont en effet sur les trois cylindres en examinant si, par chacun d'eux, on peut mener trois génératrices qui appartiennent respectivement à ces trois surfaces. Les constructions indiquées sur la figure dispensent de toute autre explication.

FIN.

Pl. 1.

Introduction. Théorie du plan.

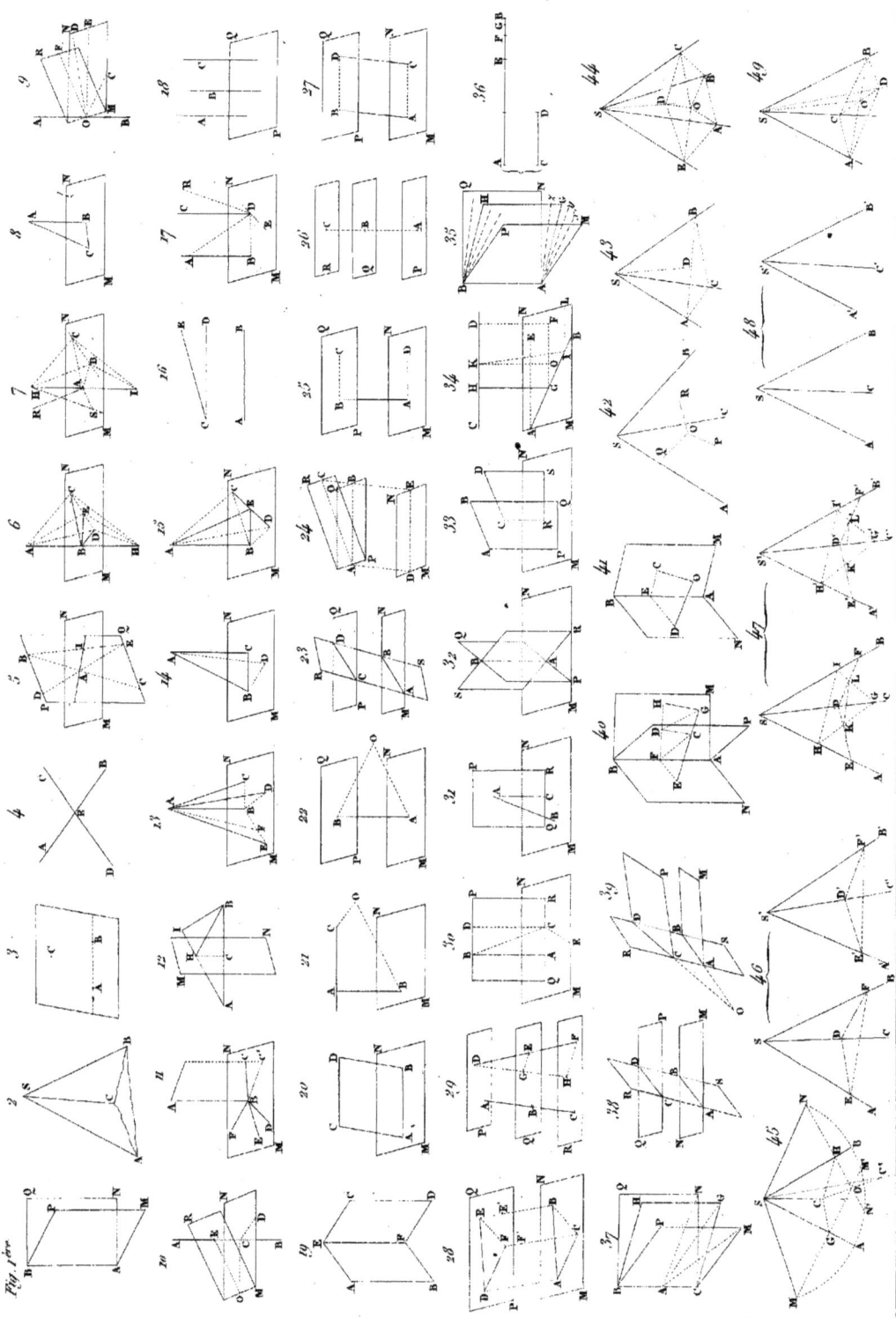

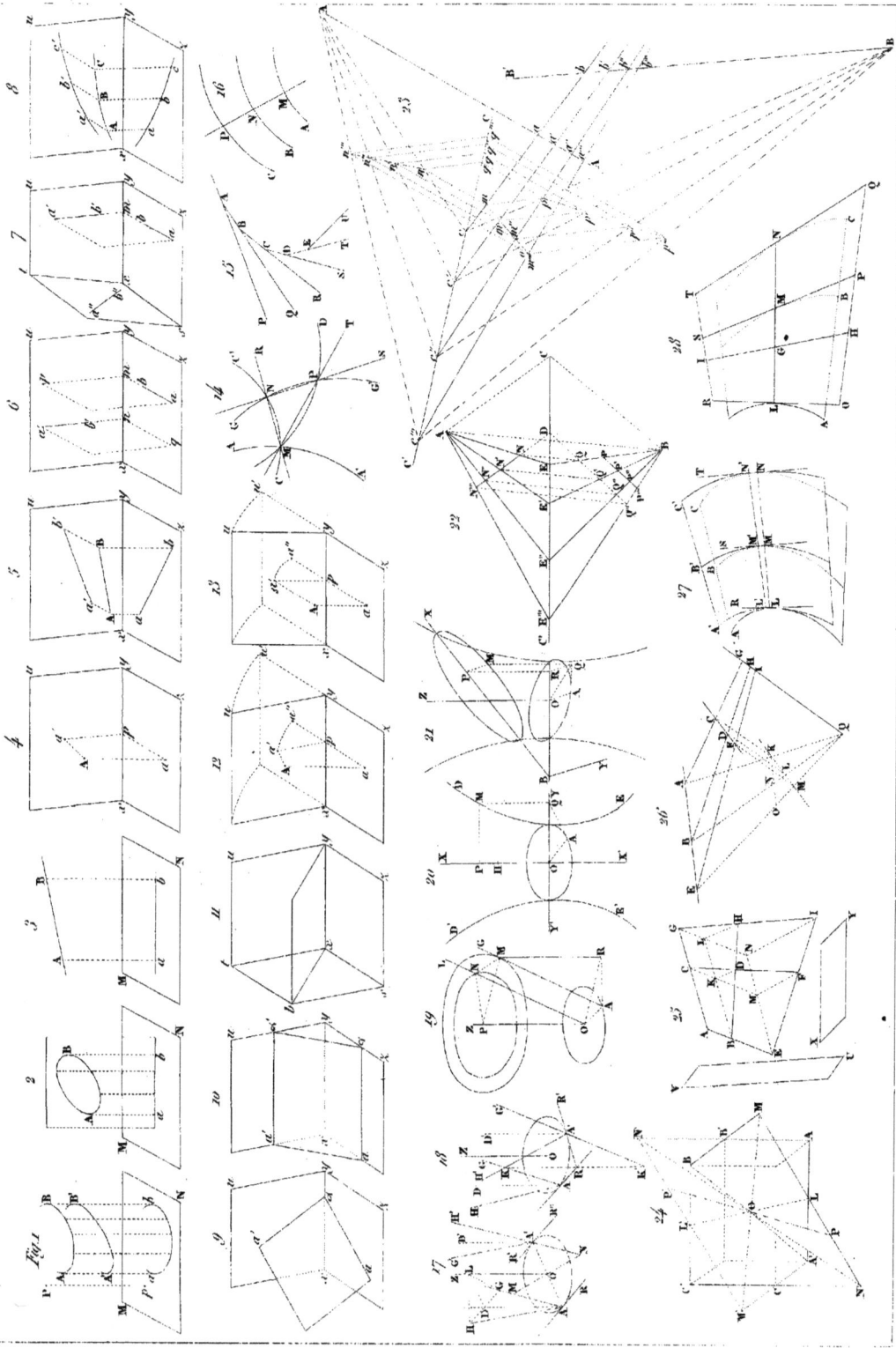

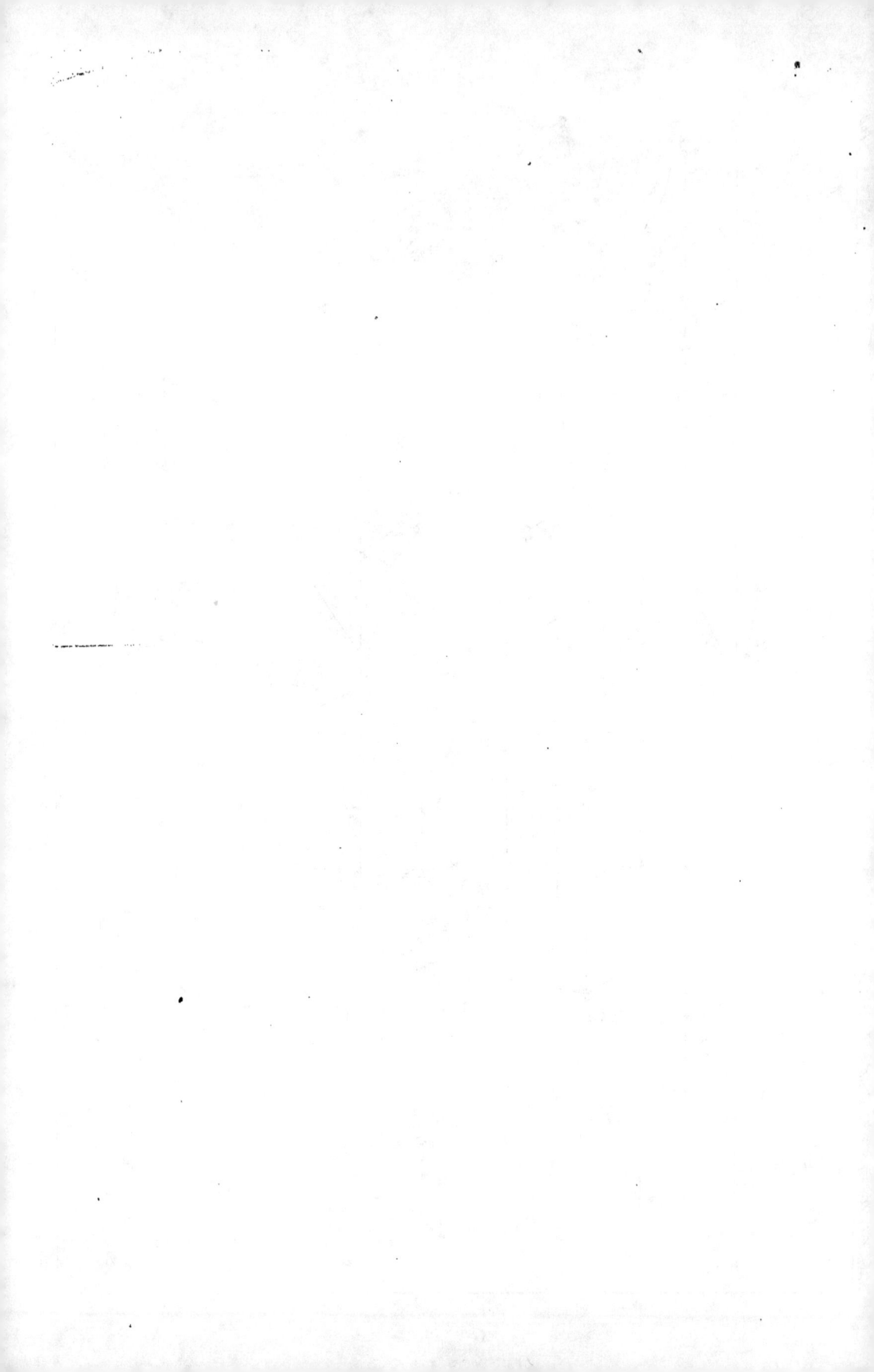

www.ingramcontent.com/pod-product-compliance
Lightning Source LLC
Chambersburg PA
CBHW070246200326
41518CB00010B/1708